図解入門
How-nual
Visual Guide Book

土木技術者のための

建設材料の基本と仕組み

初学者のための建設材料基礎講座

五十畑 弘 著

秀和システム

まえがき

　建設材料とは、人々の生活環境の基本となるインフラストラクチャーを創り出す素材です。私たちの身の回りにある道路、トンネル、ダム、水門、橋、港湾、空港などのインフラストラクチャーは、いずれも公共性が極めて高く、姿形は巨大です。また、数十年から百年を超える長期間にわたってその役割を継続することが求められ、人々の安全や生活の利便性、快適性に大きな影響を与えます。これらを形作る素材が建設材料です。

　建設分野に限らずいろいろな分野におけるモノを作る素材は、そのモノの性能や働き、寿命を大きく支配します。モノが意図したとおりの機能を所定の期間を通して十分発揮できるように、材料の特性を生かして適材適所に用いることはモノづくりの基本的な事柄です。

　構造物や施設は常に地震、波力、風力などの自然力や日々の使用に長年月にわたって耐えることが求められることから、それを構成する材料の力学的性能、耐久性能と共に、加工性や使用性などが着目されます。

　近年、高度成長期に建設された橋、トンネルや道路などのインフラストックの老朽化が進み、それらの更新が大きな課題となっています。劣化した構造物や施設に手入れを施し、地震や暴風などの自然の猛威に備えて災害に強い強靭な国土を作るためには、常に構造物、施設の素材である建設材料の知識が重要となります。地球環境の面からも、建設材料は使用量の多さゆえにその影響への配慮は欠かせません。持続可能な開発のための新しい材料技術は大きな課題です。また、巨大な構造物は景観的にも大きなインパクトを与えることから、材料の選択は構造物の形式選択と同様に重要なことです。

　本書は、人々の生活のためのインフラストラクチャーを形作る材料について、土木・環境系の建設分野の初学者の入門書として執筆したものです。第1章では建設材料への導入として、各種インフラストラクチャーと建設材料の関わり方や、建設材料の基本的性質などについて触れ、2章以降で、コンクリート、鉄鋼、アスファルト、高分子材料、木材、石材といった各材料について、できるだけ平易に解説しています。

　本書が、建設材料の基礎知識を得ることにとどまらず、さらに建設材料を通じて建設・環境分野への興味を深め、それぞれの専門領域に進むきっかけとなれば幸いです。

2021年7月

五十畑　弘

土木技術者のための
建設材料の基本と仕組み
CONTENTS

第4章 アスファルト

第5章 高分子材料

第6章 木材および石材

土木構造物と建設材料

土木構造物の建設に使われる材料の種類は、コンクリートや鋼をはじめとして、多岐にわたります。本章では、個別の建設材料に立ち入るのに先立って建設材料全般に関する事柄について学びます。建設材料の種類、力学的挙動や物理的性質、微視的構造など、構造物を構成する材料としての基本事項から始めて、複数の材料を組み合わせた複合材料、材料の品質や性能を規定する基準、そして建設材料と環境への影響などについて見ていきます。

1-1

建設材料とは

　道路や橋、トンネル、ダム、上下水道、港湾、防波堤などの土木構造物は、人々の生活の安全性を確保し、快適な社会生活を支えることを目的とする基盤施設です。

▶▶ 建設材料の発達

　土木構造物や施設は、コンクリート、鉄鋼をはじめ、土、砂、岩石、木など様々な材料によって構成されます。土木構造物や施設は、一般に規模が大きく長年月にわたり機能を継続することが求められるために、用いる材料は大量、安価で安定的に入手することが可能で、耐久性に優れることが必要です。

　建設材料は、「**築土構木**」（ちくどこうぼく：土を築いて木を構える。『淮南子』、BC2〜1世紀）という土木の語源の示すとおり、古来よりもっぱら自然界に存在する土、石、木などの自然材料に依存してきました。この自然材料に、産業革命以降、鉄鋼材料が加わり、19世紀に入りポルトランドセメントが発明されてコンクリートが建設材料に加わりました。今日では、鉄鋼とコンクリートは最も多く用いられる建設材料の双璧をなしています。

　鉄鋼、コンクリートなどの人工材料を、土、石、木などの自然材料と分かつ最大の違いは、建設材料の性質や性能の人為的な制御の可能性であり、それに基づく材料としての信頼性、使用性の高さにあります。人工材料は、強度や剛性など構造材料としての力学的特性が優れていることに加えて、品質のばらつきが少ないことも特徴です。

　近代セメントの出発点は、18世紀中ごろのイギリスにおける灯台建設で初めて水硬性モルタルが用いられたことです。19世紀に入って石灰と粘土を混合して焼成した、ポルトランドセメントと命名された**人工セメント**が発明され、今日につながるセメントとなりました。国内では1874（明治7）年に点灯した犬吠埼灯台に輸入セメントが使用され、翌1875（明治8）年に、日本で最初の官営セメント工場が深川に設立されました。セメント生産量（2015年）は、世界全体で82億トン、国内では約5500万トンで、そのうち約4500万トンが国内で使われています。

鉄鋼材料については、17世紀初頭のイギリスで石炭を燃料とする製鉄法の成功によって鉄の生産量が増えると、鉄の用途も拡大し、機械部品、エンジン、タンクなどと共に、構造物の材料にも利用されるようになりました。イギリス中西部に現存する18世紀末に建設された世界最古の鋳鉄橋、**アイアンブリッジ**は、建設材料史における画期を示しています。こののち、製鉄法の発展によって、建設材料としての鉄鋼は鋳鉄から錬鉄、鋼へと進化を遂げ、19世紀以後、今日につながる主要な建設材料としての地位を確立しました。

20世紀以後の道路建設によって使用量が増加したアスファルトなどの瀝青材も、石油精製時に産出される人工的な建設材料です。19世紀半ば以降、欧米で道路舗装材として用いられるようになり、今日では、施工性、機能性、経済性に優れた建設材料として多く用いられています。

20世紀には、高分子材料や、炭素繊維、セラミックスなどの新たな材料も、土木構造物の長期にわたる耐久性、耐震性の確保という見地から、従来の建設材料と組み合わせて用いられるようになってきました。今後、これらの新素材と共に、ステンレス、チタンなどの非鉄金属も、新たな建設材料として社会基盤施設へ広く適用されていくことになります。

エディストン灯台（イギリス、1756年建設）

スミートンが近代セメントに先立って水硬性石灰を初めてプリマス沖の灯台で用いた。

(Civil Engineering Heritage, Southern England, ICE、1994年)

アイアンブリッジ（イギリス、1781年）

世界で最初に鉄を構造用材料として用いたアーチ橋。

初期のコンクリートと鉄鋼材料の発展

年	コンクリートと鉄鋼材料技術
1709	イギリス中西部でコークスによる高炉製鉄が成功
1756	イギリス、プリマス沖のエディストン灯台でスミートンが水硬性石灰を使用
1781	イギリス中西部で世界初の鋳鉄製のアーチ、アイアンブリッジ完成
1783	ヘンリー・コートにより反射炉のパドル製鉄で錬鉄生産成功
1856	イギリスでベッセマーによって転炉による製鋼に成功
1824	イギリスの煉瓦積み職人ジョセフ・アスプディンが「ポルトランドセメント」の特許取得
1864	フランスの植木職人ジョセフ・モニエにより、金網を入れたモルタルの植木鉢が発明され特許取得
1867	フランスでマルチンにより平炉法発明
1872	日本で最初の官営セメント工場が深川で稼動開始
1894	世界で最初に鋼を使用したアメリカのイーズ橋完成
1879	ドイツでトーマス法による製鋼開始
19世紀末	ドイツのマティアス・ケーネンにより鉄筋コンクリート構造の理論的設計手法が提唱
1926	フランスのフレシネーにより、コンクリート内にピアノ線を配置したプレストレストコンクリートが実用化され特許取得

1-2

建設材料の特徴

　土木構造物の各部位や部材に使われる建設材料は、構造物全体が所定の役割や機能を発揮するために必要な強度性能や、使用性を持つことが求められます。

▶▶ 建設材料の要件

　土木構造物の特徴の第一は、その規模の大きさにあります。このため建設材料の特徴としても、まずその量が多いことがあげられます。したがって、建設材料が安定的に、安価に入手可能である必要があります。大量であることから、その供給地から建設場所への輸送条件も建設材料の入手に影響を与えることになります。

　次いで、材料の品質は構造物の構造特性に直接的な影響を与えます。建設材料は、構造物が計画・設計の意図どおりの性能を発揮するための構造物の品質を大きく支配することになります。外力の作用に対し、構造物は建設材料の構造特性に応じて抵抗力を発揮します。このため、材料の性質を把握して、適正な品質管理・施工管理をすることによる、文字どおりの"適材適所"が求められます。

　建設材料はその時々の技術水準や経済状態によって影響を受け、変化をしています。したがって、建設材料の扱い方は、その特性に応じた管理が求められます。例えば、鋼橋の製作における鋼材は、現在では設計図などで示された規格の要求性能に合格していることを確認しますが、20世紀中ごろまでは、橋梁（きょうりょう）メーカーの製作加工の最初に、製鉄所から搬入された厚板材や形鋼（かたこう）の大曲りやひずみなどの変形の矯正工程がありました。

　土木構造物は長期にわたって機能を継続することが求められます。したがって、長年月にわたる経年による品質変化への対応や、維持・保全などにおける施工性の把握は重要です。

　将来的な構造物の撤去・更新における廃材等の環境に与える影響を緩和すること、そして環境にやさしい建設技術や生産方法を取り入れることも求められています。建設活動や、それが創り出す土木構造物、施設などが持続可能性を持つことも、広い意味での建設材料の品質に含まれます。

1-3

土木構造物と建設材料

　各種の建設材料で構成される土木構造物には、道路、鉄道、河川・ダム、海岸、港湾・空港など幅広い分野の構造物があります。

▶▶ 道路

　道路の基本的役割には交通機能と空間機能があります。交通機能は、自動車や自転車、歩行者のための通行サービスを提供するトラフィック機能と、沿道の土地や建物への出入サービスを提供するアクセス機能です。交通機能では、時間距離を短縮し、交通混雑を緩和しつつ安全に自動車などの交通を実現することが求められます。空間機能は、電気、電話、ガス、上下水道などの公共施設のための空間を提供することや、火災延焼の遮断空間、防災スペース、あるいは通風空間の確保など、特に都市内で重要な役割を担っています。

　このような役割を担う道路は一般に、盛土部、切土部などの土構造物、川や鉄道などを越えるコンクリートや鋼の橋梁、丘陵地形を貫通するトンネルなどの構造物で構成されています。道路断面は、交通機能を果たすために車道、自転車道、歩道に区分され、道路面は、クラッシャランや粒度調整砕石を締め固めた路盤の上にアスファルト混合物や敷石などでの舗装がなされ、路面の排水のために排水装置が設置されています。

　切土部を通過する道路では、路側の斜面を安定化させるために石／コンクリートブロック積みや、コンクリートの擁壁、植生、枠、あるいはセメント吹付けの法面保護がなされます。歩車道境界や道路側には、ガードレール、ガードロープといった自動車防護柵などがあります。道路を構成するこれらの構造物には、それぞれの役割を果たすために、コンクリート、鋼材を主体とし、土、岩石、アスファルト、あるいは再生材などの様々な建設材料が使われています。

都市高速道路

壁高欄：コンクリート

照明灯：鋼

標識柱：鋼

防護工：鋼

橋脚：鋼

橋桁：鋼

道路トンネル

覆工：コンクリート

ケーブルダクト：鋼

内装板：無機材塗装
　　　　アルミ板

歩車分離柵：鋼

舗装：アスファルト混合物

舗装：コンクリート（インターロッキングブロック）

都市内の道路、モノレール軌道

— モノレール軌道桁：鋼

— 橋脚：鋼

— 標識柱：鋼

— 舗装：再生ブロック

— 歩道防護柵：鋼

— 舗装：アスファルト
混合物

▶▶ 鉄道

　鉄道はガイドに沿って運行することにより、他の交通機関と比べて高速性があり、大量の旅客などを安全・確実に輸送するという特徴を持っています。鉄道路線は、道路と同様に土構造物、橋梁、トンネルなどの構造物で構成されます。軌道には、列車の運行に関係する信号機、架線、通信ケーブルなどの各種の設備があります。

　軌道の構造としては、路盤上に砕石によるバラストを敷き詰めた道床を設け、PCコンクリートの枕木を介してレールが支持されています。長大トンネル、高架橋、地下鉄などでは、コンクリート製道床の直結軌道が使われています。道路と同様に、軌道が掘割区間や切土部を通過する場所の路側には、石／コンクリートブロック積みや、コンクリート擁壁などの構造物があります。軌道を構成する主な材料には、砕石、PC枕木、鋼レールがあり、川・道路と交差する場所や高架部では、鋼やコンクリートの橋桁が架けられています。

　一方、鉄道関連施設にも多様なものがあります。交通結節点の鉄道駅、鉄道駅前広場などには、駅舎、プラットホーム、駅前ペデストリアンデッキ、歩道橋、交通広場などがあります。これらの施設には、鋼、コンクリートの構造物や、アスファルト混合物、再生材の路面舗装材など多くの建設材料が使われています。

鉄道軌道

桁：鋼

架線支柱：鋼

道床：砕石

枕木：PCコンクリート

レール：鋼

駅前広場

デッキ桁：鋼

デッキ支柱：鋼

デッキ舗装：
再生ブロック

ガードレール：鋼

道路舗装：アスファルト混合物

▶▶ 河川・ダム、海岸

　日本の国土は、大陸の南東沿岸に位置する地理学的特性、地形的・気象的条件から、台風、集中豪雨など、常に厳しい自然の脅威にさらされ、中でも河川災害の脅威にさらされています。この傾向は、近年の地球温暖化による気候変動でさらに強まっています。堤防・護岸を築き、水門などの整備による河川改修、あるいはダムを整備することは、国土保全の重要な対策です。河川環境は人々の生活に潤いを与える重要な自然環境でもあり、国土保全施設は、自然環境と共存し、環境との調和を維持することも求められています。

　河川や山林におけるこのような治水・治山施設には、河川堤防、多目的・洪水調節ダム、遊水池、砂防ダムなどがあります。河川の洪水、氾濫防止のための護岸工、川床安定化、洗掘防止の床固め工の各種のコンクリートブロック、砕石などが用いられています。沿岸域の保全施設である津波・高潮防止の海岸堤防、水門、消波ブロック、防波堤などには、コンクリート、土、砕石などが主要な材料として使われています。

　一方、国土保全と自然環境の保全の一体性に着目した、自然との共生による国土保全では、間伐材を利用した木製護岸、砕石蛇籠なども使われています。

アーチ式コンクリートダム

堤体：コンクリート

防波堤、消波ブロック

消波ブロック：コンクリート

目地：瀝青材

堤体：コンクリート、砕石

▶▶ 港湾・空港

　港湾の関連施設には、基盤となる岸壁、防波堤、船溜まりなどと、倉庫、上屋、コンテナヤード、クレーンや、旅客船埠頭であれば、旅客ターミナルなどの港湾施設のほか、航路施設、航行援助施設などがあります。

　防波堤の施工は、かつての捨石堤からコンクリートの出現で、コンクリートブロック積み、ケーソン堤へと発展しました。係船岸壁でも、コンクリートブロック積みからコンクリートケーソン、L型岸壁が施工されるようになりました。

　港湾施設の材料としてはコンクリートが主要な材料です。L型護岸、ケーソンは、現地の近傍のヤードやドックでコンクリートプラントからコンクリートの供給を受けて製作し、現地まで輸送して、捨石されたマウンドの上に据え付けられます。ケーソン内部には、バラストや砂が中詰めされます。コンクリートケーソンが多く用いられますが、鉄骨の骨組みとコンクリートを一体化した、鋼とコンクリートの複合構造のハイブリットケーソンもあります。

旅客船岸壁（横浜大桟橋）

　空港関連施設としては、滑走路、ターミナルビル、管制塔などの空港施設や、航空機誘導設備などの航行援助施設その他があります。航空機が走行する滑走路をはじめ着陸帯、誘導路、エプロンは、アスファルト混合物やコンクリートで舗装されています。

　2010年から羽田空港の4本目の滑走路として供用が始まったD滑走路では、全長の約1/3の1100mの部分は、多摩川河口流域にかかることから桟橋方式の鋼製のジャケット構造が採用されています。躯体上に据えられた60cm厚のプレキャストコンクリート床版にアスファルト混合物が舗装されています。

滑走路桟橋部のステンレス巻き鋼管柱

（羽田空港、施工中、2008年撮影）

滑走路の60cm厚PC床版

（羽田空港、施工中、2008年撮影）

建設材料の基本的性質

建設材料に求められる基本的性質には、それらが構成する土木構造物が十分に機能を果たすような力学的・物理的性質や耐久性、あるいは設計、施工、維持管理のしやすさなどがあります。

▶▶ 建設材料の分類

建設材料の分類としては、まず、原材料の素材そのものによって分類する方法があります。原材料の素材に着目して、鋼、コンクリート、アスファルトなどと分類します。

材料の用途によって分類する場合は、構造機能を果たす部分に主体的に使われる材料を**構造材料** (structural material) に分類し、構造材料の保護や緩衝、装飾など構造材料に付加する形で使われるそれ以外の材料を**副材料** (additional material) に分類します。後者は構造材以外の個別の目的に応じて**緩衝材**、**防護材**あるいは**化粧材**などと呼ばれる場合もあります。例えば、トンネルの覆工コンクリートは構造材料であり、その上に施工されるコーティングされた金属内装板は、トンネル内の照度、吸音、美観など構造以外の目的で用いる副材料となります。

このほか、化学的組成の点から、炭素を含有成分としない石、岩、金属、セメントなどの**無機材料** (non-organic material)、および炭素を主要元素として含む木、アスファルトなどの**有機材料** (organic material) に分類することもあります。さらに金属は、主要な建設材料の**鉄鋼**と、それ以外のステンレス、アルミ、チタンなど**非鉄金属**に分類する場合もあります。

天然に産出する土、砂利、砂、木などの材料を**自然材料** (natural material)、セメント、鉄鋼、非鉄金属、炭素繊維など工業的に作り出した材料を**人工材料** (artificial material) と分類する場合もあります。

建設材料の力学的性質

●弾性体の挙動

　構造物に力が作用すると、力の大きさに応じて構造物は変形をします。作用する力を取り去ると、変形はもとの状態に戻ります。構造機能を果たす部分に使われる鋼やコンクリートなどの構造材料の最も基本的な性質の1つは、フックの法則に支配される弾性体としての挙動です。力を取り去るともとに戻るのは、構造材料の弾性体としての応答です。フックの法則が成り立つ範囲で最大の力の作用状態を**比例限度**といい、これを超えた力が作用すると、材料は弾性体から塑性体へと性質が変化し、変形の量が大きくなります。この状態から力を取り除いても、もはやもとの状態には戻らずに変形が残留することになります。これを**塑性変形**、あるいは**永久変形**といいます。塑性領域に入ってさらに力を加え続けると、ある時点で構造物は破壊に至ります。このような傾向は軟鋼で顕著で、コンクリートの場合は、応力度（後述）が増加すると次第に曲線的な変化となります。

　構造材料の力学的性質で最も重要なものの1つが、以上のような力の作用に応じた構造物の応答で、特にその変形性能が構造材料としての性質を左右します。

応力-ひずみ曲線の模式図

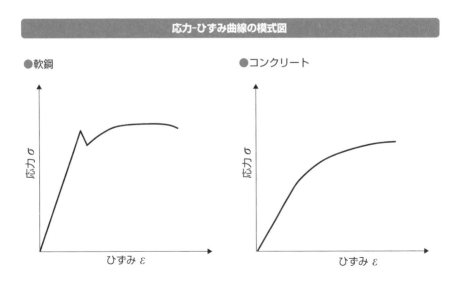

●軟鋼

●コンクリート

●応力度とひずみ度

①応力度

　構造物が外力を受けると、構造物を構成する部材には、軸力、せん断力、曲げモーメントが作用します。軸力は部材を軸方向に押し付け、あるいは引っ張って作用する力です。せん断力ははりの軸に対して直交方向から力を受けると、はりを軸直角方向に沿ってずらそうと作用する力であり、曲げモーメントははりを回転させようと作用する力です。

　一方、構造物は静止状態を保とうとするので、作用力を受けた部材の内部では、これに抵抗する力が発生します。これが材料に発生する**応力**（stress）です。コンクリート柱に外力Pが圧縮軸力として作用すると、コンクリート柱の内部ではこれに抵抗する**圧縮応力**（compression stress）が発生します。引張力が作用する場合の部材も圧縮と同様に、引張軸力に抵抗する部材内部にこれに抵抗する**引張応力**（tensile stress）が発生します。

　圧縮応力や引張応力のように部材断面に垂直に作用する**軸力**（直応力：normal stress）が、断面全体に一様に分布すると仮定すると、応力を断面積で除した単位面積あたりの**圧縮応力度**（compression stress intensity）あるいは**引張応力度**（tensile stress intensity）のσ（シグマ）を、$\sigma = P/A$で示すことができます。

圧縮応力度

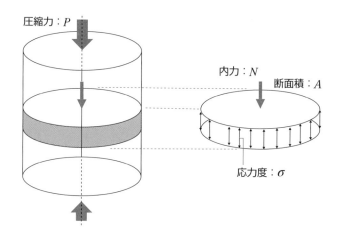

せん断応力度

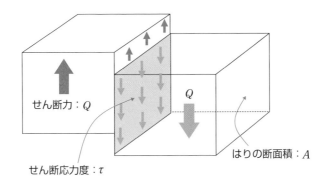

せん断力：Q

せん断応力度：τ

Q

はりの断面積：A

　はりを軸直角方向にずらそうと作用するせん断力も、軸力の場合と同様に、はりの断面積が一様に抵抗すると考えて、せん断力 Q をはりの断面積で除した、$\tau = Q/A$ を**せん断応力度**（τ〈タウ〉：shear stress intensity）とします。

②ひずみ（度）

　天井から吊るしたばねの先端に錘を吊るすと、ばねは錘の重力で引っ張られて伸びが発生します。力そのものは見えませんが、力が起こした変化は見ることができます。ばねの伸びによって、力の作用を知ることができます。変位は微小ですが、鋼板を引っ張ったり、コンクリート柱を圧縮する場合も同様です。

　もとの材料の長さを l、伸びた量を Δl とすると、伸びた量をもとの長さで除した $\Delta l/l$ は、ばねの単位長さあたりの伸びで、伸びの度合いを示しています。これを軸方向ひずみ（度）（axial strain）と呼び、通常 ε（イプシロン）で表して、$\varepsilon = \Delta l/l$ で示されます。

　同様に、荷重 P が作用する柱に圧縮軸力により軸方向ひずみ（度）が発生する場合は、縮んだ量をもとの長さで割ったものが軸方向ひずみ（度）となります。

軸方向ひずみ

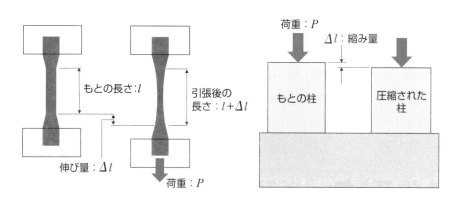

せん断力が作用することにより発生するひずみは**せん断ひずみ**（γ〈ガンマ〉：shear strain）と呼ばれ、ひずみを、矩形がひし形に変形するときのゆがみの角度をもって示します。幅l、高さdの矩形がせん断力の作用によってΔdだけ変形した場合、せん断ひずみは、$\gamma = \Delta d/l$で示されます。

せん断ひずみ

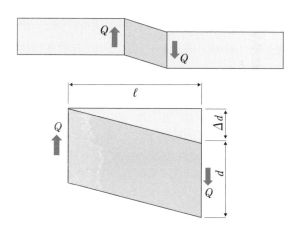

③応力とひずみの関係

フックの法則は、ばねのような弾性体に力 F を加えると、その大きさは伸縮量に応じて比例をするというものです。力の大きさを F、伸縮量を x、ばね定数を k とすれば、$F=kx$、すなわち「応力＝定数×ひずみ」の関係があります。

一方、応力度 σ は、単位面積あたりの力で、応力 P を断面積 A で割った $\sigma=P/A$ です。また、ひずみ度 ε も、単位長さあたりのひずみであり、ひずみをもとの長さで割ったもの、すなわち $\varepsilon=\Delta l/l$ です。したがって、ばね定数を材料固有の弾性係数（modulus of elasticity）の E とおけば、フックの法則の「応力＝定数×ひずみ」の関係から、$\sigma=E\times\varepsilon$、あるいは、$P/A=E\times\Delta l/l$、となります。つまり、ひずみ度 ε が発生している弾性係数 E の材料の応力度 σ は、弾性係数 E とひずみ度 ε をかけたものです。

応力とひずみの関係

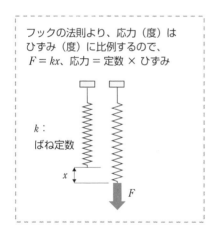

フックの法則より、応力（度）はひずみ（度）に比例するので、
$F=kx$、応力 ＝ 定数 × ひずみ

k：ばね定数

x

F

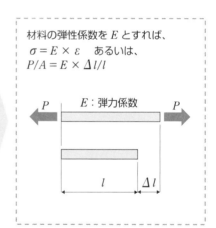

材料の弾性係数を E とすれば、
$\sigma=E\times\varepsilon$　あるいは、
$P/A=E\times\Delta l/l$

P　E：弾力係数　P

l　Δl

弾性係数（縦弾性係数）とは、材料固有の値であり、ばねの強さ（剛さ）に相当するもので**ヤング係数**とも呼ばれます。この数値が大きければ発生するひずみは小さくなり、逆に小さければひずみは大きくなります。ヤング係数は、鋼の場合で200 kN/mm²（=2.1×10⁶ kgf/cm²）、鋳鉄では100 kN/mm²、コンクリートの場合は強度に応じて比例し約24〜38 kN/mm²程度、木材は樹木の種類や含水率によりますが7〜14 kN/mm²程度です。

この軸力の作用による応力とひずみの関係は、せん断応力とせん断ひずみについても同様に成立します。せん断応力 τ が作用したときのせん断ひずみ γ は、せん断弾性係数を G とすれば、$\tau=G\gamma$ の関係となります。せん断弾性係数は $G=E/\{2(1+v)\}$ で与えられ、鋼（$E=200\mathrm{kN/mm^2}$）の場合で、後述するポアソン比を $v=0.30$ とすれば $G=E/2.6$ で、せん断弾性係数 G はおよそ $77\mathrm{kN/mm^2}$ となります。

なお、このせん断弾性係数は、ねじり荷重を受ける部材におけるねじり応力とねじりひずみの関係におけるねじり弾性係数と同じで、**横弾性係数**とも呼ばれています。

主な建設材料の物理定数

種　類		物理定数の値
鋼、鋳鋼のヤング係数		$2.0\times10^5\ \mathrm{N/mm^2}$
PC鋼線のヤング係数		$2.0\times10^5\ \mathrm{N/mm^2}$
鋳鉄のヤング係数		$1.0\times10^5\ \mathrm{N/mm^2}$
鋼のせん断弾性係数		$7.7\times10^4\ \mathrm{N/mm^2}$
鋼、鋳鋼のポアソン比		0.3
鋳鉄のポアソン比		0.25
コンクリートのヤング係数	設計基準強度 21N/mm²	$2.35\times10^4\ \mathrm{N/mm^2}$
	設計基準強度 40N/mm²	$3.1\times10^4\ \mathrm{N/mm^2}$
	設計基準強度 80N/mm²	$3.8\times10^4\ \mathrm{N/mm^2}$

④ポアソン比とせん断弾性係数

ゴムを引っ張ると長さが伸びるのに対して、ゴムの太さは縮んで細くなります。同様に、弾性体の部材に軸力を加えると、軸方向に引張力や圧縮力でひずみが発生すると同時に、軸直角方向にもひずみが発生します。この場合、軸方向ひずみ ε に対する軸直角方向の横ひずみの比を**ポアソン比**と呼びます。軸方向に引張力が作用して伸びが発生すると、軸直角方向には収縮が発生し、その絶対値の比がポアソン比です。一般には、軸方向に対して軸直角方向ひずみは小さく、ポアソン比は鋼、鋳鋼で0.30、鋳鉄で0.25、コンクリートでは1/6〜1/12程度です。

ポアソン比

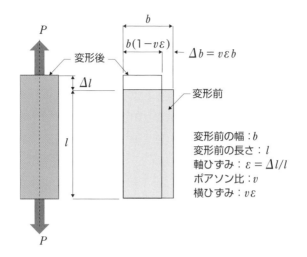

変形前の幅：b
変形前の長さ：l
軸ひずみ：$\varepsilon = \Delta l/l$
ポアソン比：v
横ひずみ：$v\varepsilon$

●クリープ、リラクゼーション

部材に継続的に荷重が作用すると、時間の経過に従って、ひずみが増大する現象を**クリープ**（creep）といいます。一種の塑性変形で、作用する荷重の大きさに比例して発生します。逆に、一定のひずみ状態を維持すると、応力度が時間の経過に従って低下します。これを**リラクゼーション**（relaxation）といいます。

クリープとリラクゼーションは材料にとって表裏一体の現象で、一般に温度と応力が大きくなると影響がより顕著となります。プレストレスコンクリート構造で、PC鋼線を緊張してプレストレスを導入したのち、時間の経過と共にコンクリートのひずみが増加し、最初に導入したPC鋼線のプレストレスが低下します。

●靱性、脆性

靱性（toughness）とは、材料の破壊に対する感受性や抵抗を意味します。徐々に増加する力の作用に対して、破壊することなく大きく変形する材料は靱性の高い材料です。これに対し、靱性が低い材料では、力を増加させても大きな変形は発生せずに破壊に至ります。

　靭性の低い材料の場合、破壊前の変形が少ないため現象的には、破壊が突然発生するように見えます。この材料の性質を**脆性**（brittleness）、破壊現象を**脆性破壊**（brittle fracture）といいます。身の回りの材料では、軟鋼は弾性限界を超えたあと、大きな変形が発生して破壊に至る、靭性の高い材料です。これに対して鋳鉄は、変形が少ないままで破壊に至ります。地震動のような短時間の急激な振動が作用する部材の材料に極軟鋼を使用することで、地震エネルギーを吸収して建造物の揺れを低減する、という耐震設計の考え方は、材料の靭性を生かした例です。

●**延性、展性**

　延性（ductility）は、引張力が作用する材料において、破断に至るまでに塑性変形に耐えることができる程度を示します。金属材料の引抜きなど冷間加工の適合性に関係する性質です。延性が高い金属材料としては金、銅があります。

　展性（malleability）も同様な材料の機械的性質で、圧縮力が作用する材料が破壊することなく塑性変形ができる程度を示します。展性が高い材料は、ハンマーや圧延による加工に適しています。鉛は冷間で圧縮力を加えて加工ができる展性の高い材料ですが、引張力に対する塑性変形性能は小さく、延性が低い材料です。

●**剛性、硬度**

　同じ大きさの力を異なる材料の部材に作用させた場合、より高い**剛性**（rigidity）の材料の方が、変形が小さくなります。材料の剛性を示す1つの尺度が弾性係数で、一般には、弾性係数の大きな材料ほど剛性は高くなります。

　硬度（hardness）は材料の特に表面近傍の機械的性質の1つで、力を加えて異物を接触させた場合の材料の変形、すりへり、引っかき傷の発生などへの抵抗度合いを示します。鋼製品で焼入れなどの熱処理結果の管理数値として硬さが用いられます。ただし、硬度の定義は材料により異なり、試験方法によっても異なります。

●疲労

疲労 (fatigue) とは、材料に一定以上の応力を発生させる動的な繰り返し荷重が作用すると、繰り返しの回数によっては静的荷重が作用する場合の破壊応力よりも小さな応力レベルで材料の破壊が発生する、という現象です。疲労現象は、荷重の作用で発生した微小な亀裂が発端となってその先端部で応力集中が発生し、繰り返し応力の作用でこの亀裂が次第に進行する過程をたどります。

疲労の発生は金属材料の場合に顕著ですが、コンクリート、樹脂やセラミックなどでも発生することが知られています。ただし鋼の場合は、繰り返し荷重がある回数以上に繰り返し作用しても、応力の変動範囲が一定限度以内の場合は疲労が発生しない、という限界 (疲労限界) があります。

▶▶ 物理的性質

●質量と密度

密度 (density) とは、材料の単位体積あたりの質量のことで、kg/m^3、g/cm^3などの単位で示されます。g/cm^3単位で示した密度の絶対値は、水に対する比重にほぼ等しい値です。

密度には**真密度**と**見かけの密度**があります。真密度は、材料の真実の状態の密度であり、「材料の表面や内部の気孔の部分を除いた充実状態の材料そのものの体積」で質量を割った値です。これに対し見かけの密度とは、材料内部の気孔や水分の体積を含めた見かけの体積で、材料の水分を含んだ質量を割って求めた値です。

建設材料では、種類ごとに材料表面、内部に含まれる水分量の状態で見かけの密度を定義しています。粗骨材など岩石では、100～110℃の温度で質量が変化しなくなるまで乾燥させた絶対乾燥状態での密度を絶乾密度としています。木材では、空気乾燥させた状態の気乾密度を用いています。粒子の小さな細骨材では、表面乾燥飽水状態の質量を容積で割った表乾密度を用いています。

●単位容積質量

単位容積質量 (bulk density) は、ℓやm³などの単位容積あたりの質量で、kg/ℓ、kg/m³などの単位が用いられます。通常、骨材など粒子材料を所定の容器に突き詰めて満たした状態の質量を、容器の容量で割った値です。

●含水率、含水比、吸水率

含水率は材料に含まれる水分量の割合であり、水分の質量を材料全体の質量で割った値で、百分率 (%) で示されます。含水率は通常、水分量を水分と固形分の合計で割って得られる湿潤基準の値を用います。これに対し**含水比**は、水分量を固形分で割って得られる乾量基準の値を用います。**吸水率**は、表面乾燥飽水状態の骨材の場合で、水分量を絶対乾燥状態の骨材で割って得られる値です。

●熱膨張係数

熱膨張係数 (coefficient of thermal expansion) は、温度の上昇によって材料の長さ、体積が膨張・収縮する単位温度あたりの割合で、**熱膨張率**ともいいます。材料の長さ、幅などの膨張・収縮の場合は線膨張係数、体積の場合は体積膨張係数と呼び、単位は温度の逆数で1/℃です。

●比熱、熱伝導率

質量1kgの材料を1K (kelvin：ケルビン) だけ上昇させるのに必要な熱量Jが、**比熱** (specific heat) です。単位はJ/kg・Kです。鉄鋼の比熱は0.4～0.5 (kJ/kg・K)、コンクリートで0.9、木材で1.5程度です。

熱伝導率 (thermal conductivity) は、温度差によって生じる温度勾配による熱伝導で、熱の移動のしやすさを示す値です。単位時間に材料中を伝わった熱量により上昇する温度で示します。単位はワット毎メートル毎ケルビン (W/m・K) です。鉄鋼の熱伝導率は50～80 (W/m・K)、コンクリートで1.6、木材で0.2程度です。

材料の力学挙動と微視的構造

●原子の結合

材料を構成する単位は原子です。この原子が原子間相互の力によって結合され、材料を構成しています。この原子の結合の仕方や、結合された原子の配列によって、材料の特徴が支配されます。

原子の結合の仕方には、**一次結合**と**二次結合**があります。原子核の周囲の電子で最も外側にある価電子が関わる結合が一次結合（化学結合）で、価電子の関与のない結合が二次結合です。一次結合は結合エネルギーが大きく、値電子の状態によって、イオン結合、金属結合、共有結合に分かれます。

イオン結合は、正電荷の＋イオンと負電荷の－イオンの相互の静電引力（クーロン力）による結合で、これによってイオン結晶体が形成されます。

金属結合は、金属における化学結合です。各原子は電子を放出して＋イオン（結晶格子点の＋電荷の原子核）と、自由電子（結晶全体に広がる－電荷を持ったもの）が形成されます。金属結合では金属イオンの配列が規則正しく、＋イオンの間を自由電子が自由に動き回ることができます。

共有結合は、隣接する原子が電子を互いに共有し合うことで電子配列を構成する結合です。結合力は科学結合の中で最も強いのですが、高分子材料やセラミックスなどの共有結合の材料は脆い性質を持ちます。

一次結合（化学結合）

陽イオン

陽イオン　陰イオン

陽イオン　陽イオン

自由電子

自由電子

イオン結合　　　　　金属結合　　　　　共有結合

　一方、二次結合は価電子の関与のない結合で、分子は電気的に中性ですが、分子間引力によって弱い結合が成り立っています。分子間引力とは分子同士や高分子内の離れた部分の間に作用する電磁気学的な力で、ファン・デル・ワールス力と呼ばれる、結合エネルギーの小さな力です。

●原子の配列

　原子の結合の仕方と共に、原子が立体的にどのように空間格子を構成しているかという原子の配列も、材料の物性を支配します。原子配列が規則性を持つ固体が**結晶固体**で、それ以外がアモルファス固体と呼ばれる**非結晶固体**です。

　結晶固体では、結合力が作用する原子はできるだけ多くの原子と結合しようとして結晶構造を形成します。この場合の原子の立体的配列のパターンには、立方、斜方、正方、六方など14種類があります。金属の場合、同じ大きさの原子が方向性を持たずに結合をする結晶構造で、**面心立方**（fcc＊）、**体心立方**（bcc＊）、六方最密（hcp＊）などの結晶構造を形成します。鉄は常温でα鉄と呼ばれる体心立方ですが、加熱すると911℃で原子間がより狭くて密度の高いγ鉄と呼ばれる面心立方に変化します。

体心立方と面心立方

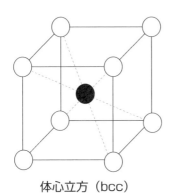

体心立方（bcc）

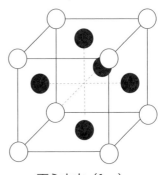

面心立方（fcc）

＊ **fcc**　　face-centered cubic の略。
＊ **bcc**　　body-centered cubic の略。
　＊ **hcp**　　hexagonal close-packed の略。

非結晶固体は非金属に多く、急冷した場合や不純物が入った場合に、規則的な原子配列とならずに不定形の非晶質となったものです。結晶固体とは異なり、**結晶粒界**＊や格子欠陥がなく均質で等方性です。非結晶固体には、ガラスのような網目型固体とゴムのような鎖状高分子固体（**ポリマー**）があります。

●材料の微視的構造と力学挙動

建設材料の特性は、通常、その巨視的な挙動によって説明されますが、そのもととなる、材料の物質を構成する原子レベルでのメカニズムを知ることも大切です。

材料の巨視的な挙動は、すでに見たとおり、材料に力を作用させたときの応力−ひずみ関係が示す力学現象です。ほとんどの建設材料はこの応力−ひずみ関係の示す弾性体の範疇にありますが、詳しく見ればその挙動は千差万別です。

比較的単純な結晶構造の金属材料である軟鋼の場合、力を作用させると線形で変形が発生し、降伏点を境にひずみが増加して弾性変形から塑性変形に入ります。アルミの場合も弾性変形から塑性変形に移行しますが、その変化は緩やかです。

これに対して、コンクリートやセラミックス材料の場合、弾性変形はきわめて少なく、わずかな弾性変形が発生したのち、突然、破壊に至るという推移をたどる脆性材料（brittle material）です。

一方、ゴムのような高分子材料では、ひずみが数百％にもなる非常に大きな弾性変形が発生します。この場合、力に応じてひずみが増加すると、次第に硬くなり、弾性係数が増加する傾向があります。

以上のように、弾性体として扱う材料の実際の挙動は多様です。これらの挙動の違いを説明するために必要なことが、原子レベルでの組織と変形のメカニズムです。

材料に力が作用して変形が発生する弾性挙動は、原子間の距離を変化させたときの原子間結合力の抵抗で説明できます。変形の発生は、作用力がこの結合力を超える場合で、結晶がずれて転位することによります。イオン結合の材料では、力が作用してイオン間の電気的つり合いが破壊されると、脆性的な破断に至ります。原子間にイオンの結合力が働く金属材料では、力が作用すると自由電子は自由に動き回ることができるために、原子相互の位置関係は容易に変化が可能です。これが軟鉄の大きな延性をもたらしています。

＊**結晶粒界** 結晶体を構成する結晶粒間の境界面。

▶▶ 複合材料

●複合材料とは

複合材料（composite materials）とは、2種類以上の素材を組み合わせることで、単独の材料では得られない強度、剛性、靭性あるいは使用性などの材料特性を獲得した材料です。セメントコンクリートは骨材と結合材のセメントペーストで構成された複合材料であり、壁材として藁や竹を混入した土塀や壁は古くから用いられた伝統的な複合材料です。方向性を持つ木材を直交させて組み合わせた合板や、引張に弱いコンクリートと引張に強い鋼を組み合わせた鉄筋コンクリートは、広く使われる複合材料です。軽量化が重要となる分野の材料では、繊維強化プラスチックが、金属材料に匹敵する強度を持つ軽量な材料として使われています。

複合材料では、組み合わせる素材のうち、鉄筋コンクリートや繊維強化プラスチックにおける主要材料であり、鉄筋や繊維による補強の対象であるコンクリートやプラスチックのことを、マトリックス（母材）と呼びます。

複合の方法としては、母材に粒子を分散して加える粒子分散型や、母材に繊維を貼り合わせる繊維強化型、層状に材料を重ねる積層型のサンドイッチ構造などがあります。

●主な複合材料の例

①鉄筋コンクリート、プレストレストコンクリート、繊維補強コンクリート

鉄筋コンクリート（RC *）は、コンクリートを母材として鉄筋を組み合わせた骨材とセメントの複合材です。コンクリートの引張強度は圧縮強度の1/10から1/15と小さいため、コンクリート部材への軸方向引張力に抵抗する目的で、引張強度の大きな鉄筋を繊維強化型素材として加えたものです。設計的には軸方向引張力は鉄筋が負担し、コンクリートは受け持たないとされていますが、鉄筋の腐食防止、火災による熱からの保護などの役割もあります。

鉄筋コンクリートの鉄筋の代わりに高張力の鋼材を配置し、あらかじめこの鋼材に引張力を導入することで、荷重によってコンクリートに発生する引張応力を相殺させるのが**プレストレストコンクリート**（PC *）です。ひび割れ対策や、自重の軽減を意図する場合などに使われます。

＊ **RC**　Reinforced Concrete の略。
＊ **PC**　Prestressed Concrete の略。

繊維補強コンクリート（FRC*）は、主としてセメントコンクリートの伸びが小さい点の改善を狙ってコンクリート母材（マトリックス）に繊維を補強材として加えた複合材です。補強材には短繊維を使う方法と、網状に連続繊維を加える方法があります。短繊維の補強材は、主としてコンクリートの性質改善の目的で用いられます。連続繊維による補強材は、モルタルに金網や補強鉄筋を埋め込んだフェロセメントとしてボート用や建材用に開発されたものです。補強材の種類には、鋼繊維、ガラス繊維、炭素繊維、さらに合成繊維としてアラミド繊維、ポリエチレン繊維、ポリプロピレン繊維などがあります。

②アスファルト混合物

アスファルト混合物（asphalt mixture）は、バインダー（結合材）としてのアスファルトに、2.36mmのふるいに残る粗骨材、通過する細骨材、および75μmふるいを通過するフィラー（石粉）を加えたもので構成されます。使用目的に応じて混合物の配合を調整して性質を変えています。舗装用アスファルト混合物の場合、体積比で粗骨材は約35～60％、細骨材は15～20％、フィラーが数％～20％、アスファルトバインダーが15～20％程度です。グースアスファルトの場合、約20％がアスファルトで空隙がなく止水性に富む性質があり、フィラーも20％近く配合されて変形への抵抗が高められています。

③ポリマーコンクリート

ポリマーコンクリート（polymer concrete）は、引張強度が小さい、伸びが少ないといった、コンクリートの構造材としての弱点について、合成高分子材料を加えることで改善を狙った複合材です。

高分子材料の加え方として、コンクリートの結合材であるセメントペーストにポリマーを混和材として加える方法（ポリマーセメントコンクリート）、セメントペーストに代えてポリマーを結合材として使用する方法（レジンコンクリート）、あるいは、硬化コンクリートに合成樹脂モノマー、プレポリマーを含浸させて重合操作によってポリマーを結合材として一体化させたもの（ポリマー含浸コンクリート）があります。

＊**FRC** Fiber Reinforced Concrete の略。

　ポリマーセメントコンクリートは、舗装材、防水材という用途に加え、劣化したコンクリート構造物の補修材としても利用されています。

　レジンコンクリートは、セメントコンクリートに比べて、引張強度や圧縮強度、水密性、気密性、耐摩耗性などが大きく改善される一方、硬化時の発熱、収縮が大きく、耐火性が小さいなどの弱点もあり、大規模な使用は難しいとされています。舗装材や防食材、接着剤、補修材などの用途のほか、電力ケーブル用管路用マンホール、下水管路用シールドセグメントなど、プレキャスト製品としてあらかじめ工場で製造されて使われています。

　ポリマー含浸コンクリートは、セメントコンクリートに比べて強度や伸び、水密性、気密性、耐薬品性、耐磨耗性が優れています。用途としては、地中配電ケーブル用多孔管、放射性廃棄物収納器などのプレキャスト製品があります。（詳細は「5-4 高分子材料の複合材料」を参照）

④繊維強化プラスチック

　繊維強化プラスチック（FRP*）とは、プラスチックの母材を繊維で強化した複合材料です。プラスチックは軽量で加工しやすい材料としての利点がありますが、弾性率が低いため構造用材料としては適していません。このため、弾性率の高い繊維で補強することで、軽量である利点を持ちつつ強度の高い材料への改善を狙ったものです。

　強化材としてガラス繊維を用いたものが**ガラス繊維強化プラスチック（GFRP*）**、炭素繊維を用いたものが**炭素繊維強化プラスチック（CFRP*）**です。ガラス繊維強化プラスチックは引張・圧縮強度が向上し、耐薬品性、電波透過性に優れています。炭素繊維強化プラスチックも構造特性が優れ、金属材料に代わり構造部品として使用されます。このほか、アラミド繊維により強化した**アラミド繊維強化プラスチック（AFRP*）**は耐衝撃性に優れた性質があります。

　繊維強化プラスチックの加工方法としては、ガラス繊維の場合は短く切断した繊維を樹脂に混入する方法がとられ、炭素繊維の場合では方向性を持たせた繊維を樹脂と一体化する方法がとられます。引張力に対して、繊維方向は強いが直角方向には弱いという異方性を持つため、等方性とするために、複数枚の単層板を繊維が直

---

* **FRP**　　Fiber Reinforced Plastics の略。
* **GFRP**　Glass Fiber Reinforced Plastics の略。
* **CFRP**　Carbon Fiber Reinforced Plastics の略。
* **AFRP**　Aramid Fiber Reinforced Plastics の略。

交するように積層して使われます。

　繊維強化プラスチックは、ユニットバスや浄化槽などの住宅設備機器、公園の遊具、ベンチなどのほか、小型船舶の船体、航空機の機体、自動車、鉄道車両の内外装などに広く使われています。（詳細は「5-4　高分子材料の複合材料」を参照）

▶▶ 建設材料の規格

●規格の意味

　建設産業を含むあらゆる産業活動において、その生産活動に使用する各種材料およびそれらを用いた製品の機械的性質、化学成分、寸法、形状、品質、試験方法の技術的事項の標準を定めることは、生産品の質、安全性、信頼性の確保のために重要です。これらの標準に適合することで、材料や製品が規格品として認定されます。

　規格は国や公的機関が制定し、欧米では、ASTM（アメリカ規格）、BS（イギリス規格）、DIN（ドイツ規格）、NF（フランス規格）などがあります。

　国内の規格の制定は、明治末から始まり、日本標準規格（JES）、戦後の日本規格（新JES）を経て、日本工業規格（JIS）、今日の日本産業規格（JIS）に至っています。このほかに、日本農林規格（JAS）があります。国際規格としては、国際標準化機構が策定するISO規格があります。

●日本産業規格（JIS）

　日本の工業規格は、1902（明治35）年の軍用材料の規格が最初で、1933（昭和8）年に日本標準規格（JES）が制定され、戦後、日本規格（新JES）に引き継がれました。こののち、1949（昭和24）年に制定された工業標準化法に基づいて日本工業規格（JIS）が定められ、2019（令和元）年には、産業構造の変化に応じて、**日本産業規格（JIS）**と名称が改められました。

　JISは、製品が規格に合致することを示すものですが、工場の品質管理体制を認定する場合もあります。鋼材やコンクリート二次製品など、定期的に受ける審査でJISに認定された工場で継続的に製造する製品については、JIS認定の規格品と認められます。

　JISは19の部門に分類されており、産業標準化法に基づいて、認定標準作成機関の申し出や日本産業標準調査会（JISC）の答申を受けて、主務大臣が制定します。制定された規格は、5年ごとに見直されて、確認・改正・廃止の措置がとられています。

JISの部門記号および部門

部門記号	部門	部門記号	部門	部門記号	部門
A	土木及び建築	H	非鉄金属	S	日用品
B	一般機械	K	化学	T	医療安全用具
C	電子機器及び電気機械	L	繊維	W	航空
D	自動車	M	鉱山	X	情報処理
E	鉄道	P	パルプ及び紙	Z	その他
F	船舶	Q	管理システム		
G	鉄鋼	R	窯業		

　JISの規格番号は、例えば、「JIS A 1106:2018」（コンクリートの曲げ強度試験方法）のように、アルファベットと数字の組み合わせで表記します。「JIS」の次のローマ字1文字はJISの部門を表し、ここで「A」は「土木及び建築部門」を示しています。部門記号に続く数字は、各部門内の個別の番号です。かつては4桁が充てられていましたが、現在では国際規格との対応から国際規格と同じ番号で、4桁以外の桁数とする場合もあります。特定の版の規格の場合は、規格番号の後ろにコロンおよび制定または改正の年を西暦で記載します。

　大きな規格の場合は、第1部、第2部といった部（part）に分かれ、「JIS E 5402-1：2005」（鉄道車両用 一体車輪の第1部：品質要求）のように、部を示す枝番号がふられています。

●日本農業規格（JAS）

日本農林規格は、1950（昭和25）年に制定された「農林物資の規格化等に関する法律」（JAS法）に基づき、農・林・水・畜産物およびその加工品の品質を保証するための規格です。建設材料関連では、品質・成分・性能などについて規格を満たす木質建材などの林産物にJASマークを付与する制度といえます。

●諸外国の主要規格

●ASTM（アメリカ規格）

1902年に設立されたアメリカ材料試験協会ASTM＊が策定する、工業材料に関する研究と仕様書および試験方法の標準規格です。

規格の種類は、①共通用語の定義、②課題達成のための手順、③測定方法、④分類の基準、⑤製品や材料特性の仕様——の5つに分かれています。規格は、ASTM規格年鑑として毎年分冊で発行されて、アメリカ以外の多くの国でも利用されています。

●BS（イギリス規格）

BS＊規格はイギリス土木学会が提唱して1901年に設立された英国規格協会（BSI＊）によって制定されるイギリスの国家規格です。分野は素材から鉄道、造船、航空機、コンピュータまで広い範囲にわたります。製品やサービスの品質・安全性などの規格化を行い、2万5000を超える規格が発行されています。イギリス規格（BS）は、ドイツ規格（DIN＊）やアメリカ規格（ASTM）と並んで世界で広く活用されている規格です。

＊**ASTM**　American Society for Testing and Materials の略。
＊**BS**　British Standards の略。
＊**BSI**　British Standards Institution の略。
＊**DIN**　Deutsches Institut für Normung の略。

●DIN（ドイツ規格）

DIN規格は、ドイツ規格協会（DIN）が制定するドイツ連邦共和国の国家規格で、ドイツ国内のみならず、国際的にも参照される規格です。規格番号は、「DIN」に続いて、1〜80000番台までの番号がふられています。「DIN 33234:1998-11」のように、通常は末尾に発行年（月）がふられています。

●NF（フランス規格）

フランス標準化協会（AFNOR）が制定するフランス国家規格で、A（金属）からZ（行政、情報処理）まで21部門があります。

●EN（ヨーロッパ規格）

EN規格は、ヨーロッパ30か国で構成されるヨーロッパ標準化委員会（CEN）や、ヨーロッパ電気標準化委員会（CENELEC）、ヨーロッパ通信規格協会（ETSI）が制定するヨーロッパの統一規格です。加盟各国は、EN規格を各自の国家規格として採用することが義務付けられています。

●国際規格

ISO（国際標準化機構）は、1926年に設立された万国規格統一協会（ISA）を前身とし、第二次世界大戦後、国際連合規格調整委員会（UNSCC）によって1947年に設立されました。162の標準化団体で構成され、日本は1952年に加盟しました。世界共通の標準規格を制定することで、安全で信頼性が高く、質の高い製品やサービスの創出に貢献し、世界貿易を促進して世界的相互扶助を図ることを目的としています。

規格数は約2万に及び、工業製品・技術・食品安全・農業・医療など、すべての分野を網羅しています。近年では、品質保証、品質管理の国際規格であるISO 9000シリーズや、環境影響評価、環境マネジメントシステムに関するISO 14000シリーズが注目されています。

1-5

建設材料と環境

建設行為における環境影響には、建設に伴うエネルギー消費によるもの、建設過程で発生する騒音や振動などの問題、さらには建設副産物の処理、自然生態系や景観等への影響などがあります。

▶▶ 建設材料の環境影響

建設における環境影響としては、一般には建設行為そのものを原因とする騒音、振動、粉塵などから、道路、橋、ダム、堤防といった建設目的物が完成後に稼動することによる排気ガスや水質・地形・景観などへの影響までがあげられます。これに対して、建設材料の点からの環境影響については、建設行為の過程で排出される**建設廃棄物**によるものがあります。

廃棄物の中には、材料そのものが有害物質を含むものとして、アスベストやPCB、鉛系塗料などがあります。解体によって飛散して空気環境に影響を与えるため、大気汚染防止法や労働安全衛生法などによって規制がなされています。

一方、解体・撤去される建設材料は膨大な量に上りますが、これらを再利用することによって、エネルギーを有効に新たな建造物に転用することができ、環境負荷軽減に大きな効果があります。建設産業を含むすべての産業の廃棄物である産業廃棄物の排出量は、1997年度の約4億2600万トンをピークに微減・微増で推移し、2009年度以降は4億トンを下回っています。2017年度は約3億8400万トンと推計されていますが、これらの廃棄物全体のうち、およそ50％強が再利用、45％が中間処理等で減量化、3％が最終処分されています。

▶▶ 建設副産物

　建設副産物とは、建設工事に伴い副次的に得られたすべての物品を指します。こ
れらには、「工事現場外に搬出される建設発生土」「コンクリート塊」「アスファルト・
コンクリート塊」「建設発生木材」「建設汚泥」「紙くず」「金属くず」「ガラスくず・コ
ンクリートくず(工作物の新築、改築または除去に伴って生じたものを除く)および
陶器くず」、さらに、これらのものが混合した「建設混合廃棄物」があります。

　建設廃棄物とは、建設副産物のうち、廃棄物処理法に規定される廃棄物に該当す
るもので、一般廃棄物と産業廃棄物の両者が含まれます。建設廃棄物は2018年度
には約7400万トンで、このうちの約半分がコンクリート塊、28%がアスファル
ト・コンクリート塊、7〜8%が建設汚泥、同じく7〜8%が建設発生木材となって
います。

建設副産物の種類

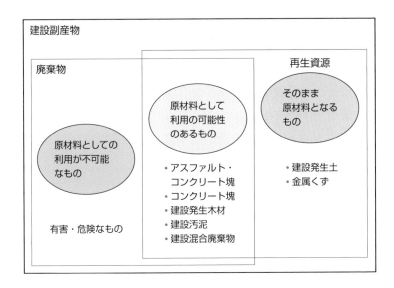

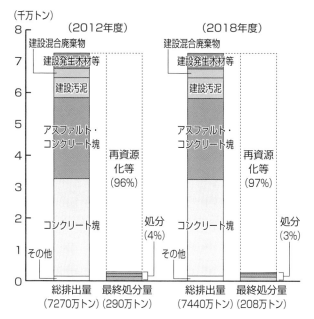

（千万トン）

建設廃棄物の排出量と最終処分量

（2012年度）　　　　　（2018年度）

建設混合廃棄物　　　　　建設混合廃棄物
建設発生木材等　　　　　建設発生木材等
建設汚泥　　　　　　　　建設汚泥
アスファルト・コンクリート塊　アスファルト・コンクリート塊
再資源化等（96%）　　　　再資源化等（97%）
コンクリート塊　　処分（4%）　コンクリート塊　　処分（3%）
その他　　　　　　　　　その他

総排出量　　最終処分量　　総排出量　　最終処分量
（7270万トン）（290万トン）（7440万トン）（208万トン）

（建設業ハンドブック2020、日本建設業連合会）

第1章 土木構造物と建設材料

▶▶ 建設廃棄物の再利用

　環境負荷低減の手段として、建設廃棄物の再利用はエネルギー消費の低減に有効です。土木構造物や施設の解体撤去の際に排出されるコンクリート塊、アスファルト・コンクリート塊、廃木材、汚泥などの建設副産物を再利用することは、環境負荷にとって重要です。

　コンクリート塊は、破砕、選別、混合物除去をして、道路や排水溝、路盤材、建造物の基礎、コンクリートの骨材に再利用されます。道路舗装の改修によって排出されたアスファルト・コンクリート塊は、破砕、選別、混合物除去をして、再生アスファルトや路盤材として再利用されます。

　建設副産物の再利用を規定した法律が、**建設リサイクル法**（「建設工事に係る資材の再資源化等に関する法律」、2002〈平成14〉年制定）です。解体工事業者の登録制度が定められ、コンクリート塊、アスファルト・コンクリート塊、建設発生木材について、一定規模以上の工事における再資源化を建設業者に義務付けています。

　建設副産物の再利用の状況は、おおむね5年ごとに実施される「建設副産物の発生量、再資源化状況及び最終処分量等の動向に関する調査」で調査されています。2018（平成30）年度の結果では、建設廃棄物の再資源化・縮減率は約97.2％で、その6年前（2012年度）より1.2％増加しています。これらの中でアスファルト・コンクリート塊、コンクリート塊はほぼ横ばいで、建設発生木材、建設汚泥、建設混合廃棄物は増加傾向となっています。建設廃棄物全体の約半分がコンクリート塊で、アスファルト・コンクリート塊の28％を加えると、両者で建設廃棄物全体の80％近くを占めることから、コンクリート塊、瀝青材の再利用をいっそう進めることが必要です。

　廃棄物として排出されたコンクリート塊は、クラッシャにより破砕して鉄筋がマグネットで除去されて、ほとんどが路盤材などの埋め戻し用として利用されています。再生骨材としてコンクリートへの再利用をする場合、再生骨材へのモルタルの付着量や、骨材以外の混入物の量によって、再生コンクリートの品質は影響を受けます。通常の骨材に比べて圧縮強度が低下、乾燥収縮量が増加、中性化速度が高まるなどの傾向があります。今後、再生骨材のコンクリートへの再利用を増やすためには、付着モルタルの簡便な除去方法の確立などの技術的な課題が残っています。

　アスファルト・コンクリート塊は破砕機によって大きさが整えられ、再生アスファルト骨材として使用されます。再生アスファルト骨材には劣化して硬くなったアスファルトが付着していますが、再生用添加剤を使って軟らかくされます。そして、新しい骨材やアスファルトと共に混合されて「再生アスファルト混合物」として生まれ変わります。ただし、再生骨材に付着しているアスファルトのうち、過度に劣化して硬くなりすぎているものは、再生路盤材として利用されます。

SDGsにおける建設材料

　持続可能な開発目標（SDGs*）とは、2015年9月の国連総会で採択された持続可能な開発のための国連の開発目標です。「我々の世界を変革する：持続可能な開発のための2030アジェンダ*」として、持続可能な開発達成の方向を示すもので、2030年を目標年とする具体的な行動指針です。

持続可能な開発のための17のグローバル目標

この行動指針の9番目に掲げられているのが「産業と技術革新の基盤をつくろう」すなわち「災害に強いインフラを整え、新しい技術を開発し、みんなに役立つ安定した産業化を進めよう」というゴール。

＊ **SDGs**　Sustainable Development Goals の略。

＊…のための2030アジェンダ　英語表記では「Transforming our world: the 2030 Agenda for Sustainable Development」となる。

　このグローバル目標では、健康、福祉、教育、ジェンダー、安全・衛生、水、エネルギー、産業・技術革新、気候変動、平和と公平、海陸の豊かさ保全などの広範な領域にわたり17項目が設定され、それらの目標の下には169のターゲットが設定されています。

　17項目の9番目が産業と技術革新の基盤に関する目標「災害に強いインフラを整え、新しい技術を開発し、みんなに役立つ安定した産業化を進めよう」です。この目標には、9-4に「2030年までに、資源利用効率の向上とクリーン技術及び環境に配慮した技術・産業プロセスの導入拡大を通じたインフラ改良や産業改善により、持続可能性を向上させる。全ての国々は各国の能力に応じた取組を行う。」とあります。建設材料における環境負荷の低減は、ここに含まれます。建設材料を生産するためのエネルギー消費を低下させてCO_2排出量を抑えること、建設副産物の再利用の促進などを技術によって実現することです。

第 **2** 章

コンクリート

　コンクリートは建設材料の中で最も基本的な材料です。本章では、セメント、骨材、混和剤といったコンクリートの各種材料の種類や特徴、製造法などに関する基本的な知識と共に、フレッシュコンクリート、硬化コンクリートの諸性質についても学びます。材料特性や施工性などを把握するための各種の試験方法、施工性とフレッシュコンクリートの諸性質、さらにはコンクリート配合設計、硬化したコンクリートの諸特性について見ていきます。

2-1

コンクリートの基本的性質

コンクリートは、自然材料の骨材をセメントに水を加えた**セメントペースト**の結合材（バインダー）によって接着・一体化したものです。コンクリートの基本的性質は、これら各材料の性質とその組成によって決まります。

▶▶ コンクリートとは

コンクリート（concrete）とは、自然材料の細骨材、粗骨材などを、**結合材**（**バインダー**：binder）で接着して一体化したものです。結合材がアスファルトの場合がアスファルトコンクリート、セメントの場合がセメントコンクリートですが、コンクリートというとセメントコンクリートを指すことが一般的です。

コンクリートは、セメントペーストの水和反応による硬化で骨材が接着されて一体となった複合材料と見ることもできます。骨材、セメント、水以外には、コンクリートの性質を調整するために混和材が添加され、練混ぜによって気泡が取り込まれています。

各材料のコンクリート全体に占めるおおよその構成容積比率は、コンクリートの種類で異なりますが、一般的にはセメント7〜20%、水7〜20%、細骨材20〜35%、粗骨材5〜50%、空気3〜6%です。

コンクリートの破砕した断面（左）と切削断面

 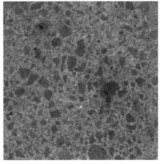

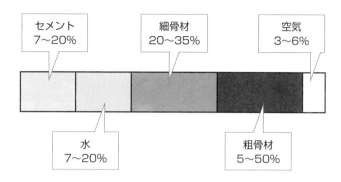

コンクリートの容積構成比率

▶▶ コンクリートの特徴

●強度特性

　コンクリートの強度特性は、圧縮に強く引張に弱い性質があります。コンクリートの圧縮強度は18〜150 N/mm²と大きな値を示すのに対して、引張強度は小さく圧縮強度のわずか1/10以下です。圧縮に強く引張には弱い性質から、通常、構造部材にコンクリートを用いる場合、もっぱら圧縮力を受ける柱や圧縮軸力の作用が中心の部材として使われます。曲げを受けるはり部材では、はり断面の圧縮域のみにコンクリートの強度を期待し、引張域では引張抵抗力を無視して設計されます。

●物理的性質

　コンクリートの特徴的な物理的性質に、大きな自重があります。コンクリートは、単位体積重量が23〜24 kN/m³で、軽量骨材コンクリートでも14〜21 kN/m³と大きく、コンクリートを用いた橋などの構造物では欠点となります。しかし、重力式ダム、防波堤、消波ブロックなどでは、自重の大きさは安定性確保につながる長所となります。また、コンクリートは水密性が高く、水を通しにくい性質もあります。

●耐久性

　コンクリートは、気象作用に対し、比較的高い耐久性を持つ材料です。鉄鋼の腐食に対する抵抗力に比べると、耐候性は一般には大きく、コンクリート構造物の経年

第2章 コンクリート

が少なかった時期にはメンテナンスフリーとされていました。また、耐火性があることもコンクリートの建設材料としての特徴です。しかし、長期的に見ると、大気中の二酸化炭素による中性化、アルカリ骨材反応、塩害、凍害、磨耗などの影響は無視できず、劣化の可能性があります。

●材料入手の容易さ

コンクリートの容積の大半を占める主要材料の砂・砂利などの骨材と水は、安価かつ安定的に大量入手できる可能性が高く、建設材料の経済性に大きく影響しています。

●形状の自由度大

コンクリートは半固体で施工をするため、構造物の形状に対する自由度が大きいという長所があります。

●再生利用の困難さ

コンクリート構造物の更新において、撤去処理の困難さや、撤去後にコンクリート塊のまま路盤材・基礎材などの埋め戻し材として転用する以外の再生利用の難しさがあります。

コンクリートの基礎的性質と特徴

項　目	基礎的性質と特徴	
強度特性	《圧縮に強く引張に弱い》 ・圧縮強度：18〜150 N/mm^2	・引張強度：圧縮の1/10以下
物理的性質	《自重が大きい》 ・単位体積重量は23〜24 kN/m^3 ・橋などの構造物では死荷重大となる欠点 ・重力式構造物では安定性確保の利点 ・水密性が高く水を通しにくい	
耐久性	《一般的には耐久性は高い》 ・短期的には高い耐久性 ・耐火性もある	・長期的には劣化の可能性
その他	・材料入手の容易さ ・造形の自由度大	・再生利用の困難さ ・品質管理への影響大

2-2

コンクリートの材料

　コンクリートは、骨材やセメントなど複数の材料を組み合わせた複合材料です。コンクリートの基本的な材料には、骨材とこれらを接着する支持材としての母材（マトリックス）のセメントペーストがあります。

▶▶ セメント

●種類

　セメントは、JISに規定されるものでは、**ポルトランドセメント**、**混合セメント**および**エコセメント**の3種類があります。セメント供給量のおよそ8割弱を占めるポルトランドセメントには、普通、早強、超早強、中庸熱、低熱および耐硫酸塩の6種類があります。また、2割程度を占める混合セメントは、普通ポルトランドセメントに混和材料を混合したもので、混和材料の違いによって高炉セメント、シリカセメントおよびフライアッシュセメントがあります。高炉から排出された高炉スラグを混合したものが高炉セメント、シリカ質混合材（ポゾラン）と石骨を混合したものがシリカセメント、石炭火力発電所で微粉炭の燃焼の副産物として排出された溶融した灰を混合したものがフライアッシュセメントです。混合セメントは、混合材の量によってそれぞれA種、B種、C種に区分されています。

　エコセメントは、下水汚泥や廃棄物などの都市ごみの焼却灰などを主原料としたセメントで、普通エコセメントと速硬エコセメントの2種類があります。普通エコセメントは無筋・鉄筋コンクリート用で、速硬エコセメントは無筋コンクリート用に使用されます。

　以上のJISで規定されているセメント以外に、特殊の用途に使用されるセメントとして、超速硬セメント、アルミナセメント、膨張セメントなどがあります。

セメントの種類		
分類	種類	JIS 規定
ポルトランドセメント	普通 (低アルカリ形)	JIS R 5210：2009
	早強 (低アルカリ形)	
	超早強 (低アルカリ形)	
	中庸熱 (低アルカリ形)	
	低熱 (低アルカリ形)	
	耐硫酸塩 (低アルカリ形)	
混合セメント	高炉 (A種、B種、C種)	JIS R 5211：2009
	シリカ (A種、B種、C種)	JIS R 5212：2009
	フライアッシュ (A種、B種、C種)	JIS R 5213：2009
エコセメント	普通	JIS R 5214：2009
	速硬	
その他のセメント	超速硬、アルミナ、膨張など特殊用途	―

▶▶ 各種セメントの供給量と特徴

①セメントの供給量

　国内のセメント供給量は、1980年代以降年間8000万〜9000万tで推移し、1990年代半ばに1億t弱をピークに減少に転じ、近年では5000万〜6000万t弱となっています。セメントの種類では、ポルトランドセメントが全体の約65〜75%、混合セメントが約25%で、両者でセメント供給量全体の大半を占めています。

②ポルトランドセメント

●普通ポルトランドセメント

　普通ポルトランドセメントはセメント全体の68%（2019年度）を占め、土木、建築の工事に幅広く使われている最も一般的なセメントです。

セメントの種類別国内供給量（2019年度）

種類		生産量（千t）	割合（%）
ポルトランド	普通	36,027	68.1
	早強	3,146	6.0
	中庸熱	714	1.4
	低熱	204	0.4
	耐硫酸塩	1	0.002
	その他	1	0.002
	小計	40,093	75.6
混合	高炉	11,117	21.0
	シリカ	0	0
	フライアッシュ	73	0.14
	その他	1,557	2.94
	小計	12,747	24.1
その他セメント		157	0.3
合計		52,998	100

（セメントハンドブック2020年度版、セメント協会）

第2章 コンクリート

●早強ポルトランドセメント

　早強ポルトランドセメントはセメント全体の6%程度を占めます。水和が速く、早強ポルトランドセメントの3日、7日強度は、普通ポルトランドセメントのそれぞれ7日、28日強度に相当します。普通ポルトランドセメントと製造方法はほぼ同じですが、化学成分のC_2Sを少なく、C_3Sを多くして、粉末度を高めています。強度発現が速く最終強度も大きく、水和熱の発生も大きい傾向があります。急速施工や、プレストレストコンクリート、寒中工事などに使用されます。

●超早強ポルトランドセメント

　早強ポルトランドセメントよりさらに化学成分のC_2Sを少なく、C_3Sを多くした、微粉砕したセメントです。超早強ポルトランドセメントの1日強度は早強ポルトランドセメントの3日強度に匹敵します。緊急の補修工事、寒中工事などに使用されます。

●中庸熱ポルトランドセメント

マスコンクリート用に開発されたセメントで、水和熱を抑えるためにC_3A、C_3Sを少なくし、C_2Sを増加しています。初期強度は低めですが、長期強度は普通ポルトランドセメントと同等以上を示します。ワーカビリティーが良好で乾燥収縮が小さく、化学抵抗性も大きいという利点があります。ダム、地下構造物、海洋構造物、道路舗装などに使用されます。

●低熱ポルトランドセメント

C_2Sを中庸熱ポルトランドセメントよりさらに増加させて水和熱を下げたセメントです。初期強度は低いですが、長期強度は普通ポルトランドセメントと同等です。マスコンクリートや、流動性を高めた高流動コンクリートに使用されます。

●耐硫酸塩ポルトランドセメント

セメント硬化体が、温泉、海水、下水、工業廃水などに含まれる硫酸塩によって浸食されると、膨張ひび割れが発生することがあります。耐硫酸塩ポルトランドセメントは、この劣化原因となるC_3Aの含有量を低下させて耐性を高めたセメントです。硫酸塩を含む地下水や下水、排水、あるいは土壌と接触するコンクリート構造物に使用されます。

③混合セメント

●高炉セメント

高炉セメントは、ポルトランドセメントに高炉スラグ粉末を混合したセメントです。**高炉スラグ**とは製鉄の製銑工程で排出される副産物であり、鉄鉱石に含まれるシリカ、コークスの灰分が副原料の石灰石と結合したものです。銑鉄1tあたり0.6～0.7tが排出され、製鉄所から安定的に提供される原料で、高炉セメントの供給量はセメント全体の約20%を占めています。

混合する高炉スラグの量で、A種（30%以下）、B種（30～60%）、C種（60～70%）の3種類がJISで規定されています。高炉スラグは単独では水硬性はありませんが、セメントと混合することで水硬性を生じる潜在水硬性を持つことから、他の混合材の場合とは異なり混入割合を大きくできます。

　強度については中庸熱セメントと同様であり、長期材齢（打設後の経過日数）の強度は普通ポルトランドセメントより大きくなります。水和熱が低いため、寒中コンクリートには向きませんが、マスコンクリートに適しています。化学作用、海水に対する抵抗性が優れ、透水性も低いという特徴があります。

●シリカセメント

　シリカセメントは、ポルトランドセメントにシリカ質混合材のポゾランを混合したセメントです。シリカ質混合材は、材料に含まれる可溶性シリカ、アルミナがポルトランドセメントの水和反応で生じる$Ca(OH)_2$と反応して$C-S-H$ゲルなどの水和物を生成して硬化します。混合する量によって、A種（10%以下）、B種（10〜20%）、C種（20〜30%）の3種類がJISで規定されています。シリカセメントの供給量は限定的で、今日では使用はほとんどありません。

●フライアッシュセメント

　フライアッシュセメントは、シリカセメントと同様に、ポルトランドセメントに一種のポゾランであるフライアッシュを混合したセメントです。フライアッシュは石炭火力発電所の微粉炭ボイラーの排ガスとして排出される微小球状の灰で、混入量によって、A種（10%以下）、B種（10〜20%）、C種（20〜30%）の3種類がJISで規定されています。フライアッシュが微小球状であることからコンクリートの単位水量を減少でき、乾燥収縮が小さく、水和熱が小さいという特徴があります。ダムなどのマスコンクリートに使用されますが、今日では供給量はセメント全体の0.2%未満と限定的です。

④エコセメント

　エコセメントは、都市部で発生する廃棄物のごみを焼却したときに発生する灰や、下水汚泥などを主な原料としたセメントです。焼却灰や汚泥などの主成分がセメント原料である石灰石、粘土等と類似していることから、廃棄物による環境負荷軽減のために土木建築資材としての再生を意図して開発され、2002年にJIS化されたものです。

　原料全体の50%以上に再生原料を用いたセメントがエコセメントとされ、その特徴によって普通エコセメントと速硬エコセメントの2種類に分類されています。

　普通エコセメントは、製造過程で脱塩素化させ、塩化物イオン量がセメント質量の0.1%以下のものです。普通ポルトランドセメントに類似する性質を持ちます。

　速硬エコセメントは、塩化物イオン量が、セメント質量の0.5%以上1.5%以下のもので、塩素成分をクリンカ鉱物として固定した速硬性を持つセメントです。用途は早期強度を必要とする場合で、無筋コンクリートに限定されています。

⑤特殊セメント

　以上のJISに規定されたセメント以外にも、特殊な用途に開発された次のようなセメントがあります。

●超速硬セメント

　アルミン酸三カルシウム（C_3A）と石膏（せっこう）の添加量によって超早強コンクリート以上の速硬性を確保するセメントです。材齢2〜3時間で、10 kN/m^{2}の強度が得られ、凝結・硬化はポルトランドセメントより速いので、施工に注意が必要となります。緊急の補修工事などに使用されます。

●アルミナセメント

　ボーキサイトと石灰石を原料とするセメントで、普通ポルトランドセメントと比べてアルミナ成分（Al_2O_3）が多く、初期強度がきわめて大きく、材齢1日で40 kN/m^{2}程度に達する超早強型のコンクリートです。耐熱性、耐磨耗性が高いという特徴がありますが、水セメント比が大きいと長期強度が低下する傾向があります。

●膨張セメント

　膨張セメントはポルトランドセメントにカルシウムサルホアルミネート系、石灰系の膨張材を混入したセメントです。硬化中にコンクリートに膨張を生じさせて乾燥収縮を防止する場合や、鉄筋の拘束効果との組み合わせによりプレストレスを導入する場合などに使用されます。密閉が必要な目地（めじ）補修、**グラウト工事**＊、トンネル工事などに使われます。

＊**グラウト工事**　すき間、空隙に樹脂などを注入（grout）して充填すること。

●原料と製造工程

①化学組成と水和反応

ポルトランドセメントはカルシウム、ケイ素（シリコン）、アルミニウムおよび鉄酸化物を構成要素としています。セメント製造の仕上げ工程前の生成物であるセメントクリンカ（単にクリンカともいう）は、これらの各要素を含む4種類の鉱物で構成されています。

各鉱物は水和反応速度、強度、水和熱などで、異なる特性を有していることから、それぞれの割合が変わるとセメントの特性は大きく変化することになります。例えば、コンクリートの凝結・硬化は、水とセメントの化学変化である水和反応によりますが、ケイ酸三カルシウム（C_3S）はかなり速い反応速度を示すのに対し、ケイ酸二カルシウム（C_2S）は遅い特性があります。

各化合物の水和反応速度

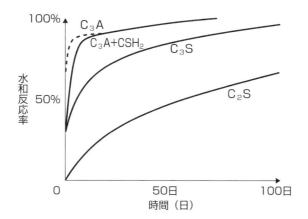

セメントと水を混合するとすぐに水和反応が始まり、発熱が発生します（第1段階）。15分程度経過すると、反応の進行は緩慢となり、コンクリートはプラスチック（可塑的）な状態が継続します（第2段階：誘導期間）。このあと、2〜4時間が経過すると発熱速度が再び上昇し、最大を示して徐々に下降します。

　この間、ケイ酸三カルシウム（C₃S）とアルミン酸三カルシウム（C₃A）の反応の進行によって、コンクリートは凝結から硬化に入ります（第3、4段階：加速期間）。フレッシュなコンクリートはセメントと水を混合してからおよそ12～24時間の経過で定常状態に至ります。

水和反応の経過

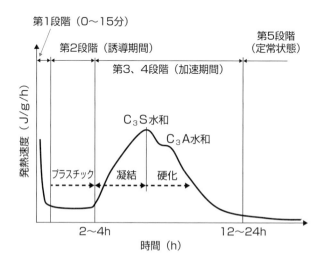

　強度については、ケイ酸三カルシウム（C₃S）は材齢28日以内の早期強度に大きく影響しますが、鉄酸化物の鉄アルミン酸四カルシウム（C₄AF）は強度特性にはほとんど影響しません。各種のポルトランドセメントは、これらの構成鉱物の割合を変化させたものです。

　セメントは特性の異なる複数の組成物（化合物）集合体であることから、その凝結・硬化の過程は、それぞれの組成化合物が相互に影響を与えつつ個別の反応を行う、全体として複雑な反応となります。

各化合物の硬化体の強度

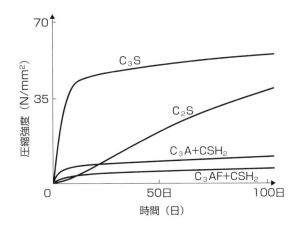

　セメント中で、およそ80％の含有量のケイ酸三カルシウム（C$_3$S）およびケイ酸ニカルシウム（C$_2$S）は、両者が生成するトバモライトゲル（3CaO・2SiO$_2$・3H$_2$O）と水酸化カルシウム（Ca(OH)$_2$）が水和化合物の主要部分を占め、凝結・硬化の性質を支配しています。

セメントの組成鉱物と特性

名称	分子式	略号	特性					セメント中含有量（%）
			水和反応速度	強度	水和熱	収縮	化学抵抗性	
ケイ酸三カルシウム	3CaO・SiO$_2$	C$_3$S	かなり速い	材齢28日以内の早期強度を支配	かなり高い	中	—	40〜70
ケイ酸ニカルシウム	2CaO・SiO$_2$	C$_2$S	遅い	材齢28日以後の長期強度に寄与	低い	中	—	5〜40
アルミ酸三カルシウム	3CaO・Al$_2$O$_3$	C$_3$A	非常に速い	材齢1日以内の早期強度に寄与	高い	大	低い	1〜15
鉄アルミン酸四カルシウム	4CaO・Al$_2$O$_2$・Fe$_2$O$_3$	C$_4$AF	比較的速い	強度にほとんど寄与しない	低い	小	—	5〜15

（土木工学ハンドブックⅠ、第5編コンクリート、土木学会）

②製造原料

　ポルトランドセメントの主な原料は、約80%が石灰質材料で、20%程度を粘土質材料が占めます。仕上げ工程では、数%の石膏も使われます。

　石灰質材料の中では、$CaCO_3$が95%以上となっています。粘土質材料の中では、シリカ分SiO_2が60〜70%、アルミナAl_2O_3が10〜25%、酸化鉄Fe_2O_3が5〜10%を占めます。

　補足材料としては、シリカ分の補充に硅石、酸化鉄の補充には鉄滓も使われます。このほか、廃棄物・副産物でセメントの主要成分を含む高炉スラグ、石炭灰も材料として使われます。

　セメント1tの製造には、およそ石灰石1.2t、粘土230kg、そのほかに硅石40kg、鉄滓25kg、石膏30kgの原料が使われます。

③原料工程

　セメント製造の最初の工程である原料工程では、原料の石灰石、粘土、硅石、酸化鉄原料を原料粉砕機に投入して乾燥・粉砕し、成分が均一となるように調合して粉体原料を作ります。各原料は受け入れ時に水分、化学成分の測定がなされ、原料成分制御システムにより所定のセメントの化学成分となるように調整が行われます。

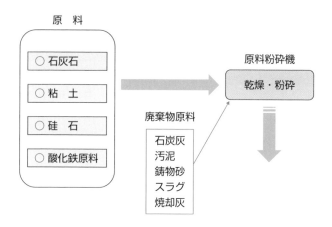

セメント製造工程（原料工程）

④焼成工程

焼成工程はセメント製造の中心的な工程です。原料工程で調合された粉体の原料を、予熱器、仮焼炉を経てロータリーキルン（回転窯）に送り込み、セメントの中間製品であるセメントクリンカを生成します。

ロータリーキルンは、内部に耐火煉瓦を貼った直径3〜5m、長さ50〜80mの鋼製の円筒形状の回転窯です。原料投入口から出口に向けて5%程度の勾配をつけて据え付けられています。投入された粉体原料は、窯の回転と共に徐々に下方に向けて移動しながら化学変化をします。450〜800℃で粘土中のシリカ分SiO_2とアルミナAl_2O_3の結合が緩み、900℃で石灰石$CaCO_3$が、酸化カルシウムCaOと二酸化炭素CO_2に分解します。最も高温となる焼成帯では1450℃の温度で半溶融状態となり、下方の出口に向けて移動しつつ冷却されて水硬性のある直径10mm程度の粒状化合物のセメントクリンカが生成されます。窯から出たセメントクリンカは冷却機に入り急冷されます。

セメント製造工程（焼成工程）

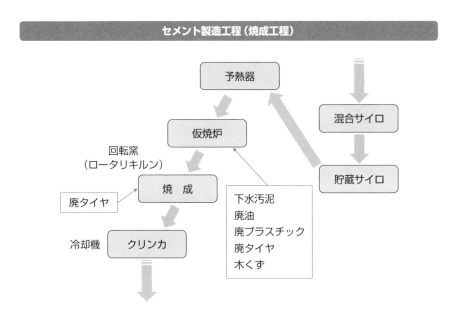

セメント中間製品のクリンカ

⑤仕上げ工程

　仕上げ工程は、セメントクリンカを微粉砕し、石膏や混合材を添加してセメントに仕上げる最終工程です。セメント粉砕機（仕上げミル）は円筒形のドラムの中に鋼球ショットを入れて回転することで、クリンカ、石膏を粉砕します。石膏は、セメントの硬化速度を調整するために、3〜4％程度が混入されます。

　セメント粒子の大きさや化学成分の検査・調整が行われ、最終的には平均粒径10μm程度の微粉となるまで仕上げられます。このあと粉砕機から取り出されてセメントサイロにいったん貯蔵、ポルトランドセメントとして出荷されます。混合セメントは、さらに混合機で高炉水砕スラグの微粉末やフライアッシュが混合されて出荷されます。

セメント製造工程（仕上げ工程）

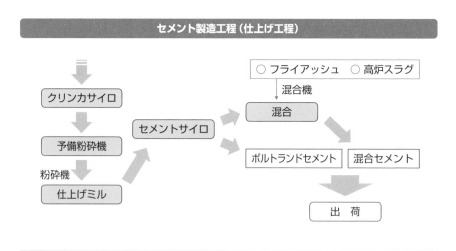

▶▶ セメントの物理的特性

　粒子の細かさなどのセメントの物理的特性は、水和反応、凝結や硬化速度などに密接な関わりを持ちます。

①密度（density）

　セメント密度は含有化合物によって異なりますが、JIS規定の各特性値を満たす場合、普通ポルトランドセメントで$3.15\,\mathrm{g/cm^3}$、早強ポルトランドセメントで$3.12\,\mathrm{g/cm^3}$、中庸熱ポルトランドセメントで$3.20\,\mathrm{g/cm^3}$程度です。

②粉末度（fineness）

　粉末度はセメント粒子の細かさを表します。粉末度が大きければ水和作用が活発で凝結が速く進み、強度も大きくなります。この傾向は材齢が少ないほど顕著に現れます。セメント粒子の細かさの表し方は、JISでは、ブレーン空気透過法で計測した単位重量あたりの表面積である比表面積（$\mathrm{cm^2/g}$）をもって規定しています。普通ポルトランドセメントでは$2500\,\mathrm{cm^2/g}$以上、超早強コンクリートでは$4000\,\mathrm{cm^2/g}$以上とされています。

③凝結（setting）

　セメントの水和反応の進行によって硬化（hardening）する前に、こわばりを生じて流動性を失う段階が**凝結**です。コンクリートは輸送、打設、締固めの作業のために一定時間の可塑性の継続が求められます。このためJISでは、水とセメントを練り混ぜてから凝結の始発までの時間と終結の時間が規定されています。始発時間は、超早強コンクリートと早強コンクリートで45分、それ以外で60分と規定されています。通常は、2～3時間で始発、3～5時間で終結となります。

　なお、水とセメントを練り混ぜた直後に、発熱を伴って急に硬化する瞬結と呼ばれる現象や、発熱することなしにこわばって硬くなる擬凝結または早粘性と呼ばれる現象があります。擬凝結では多くの場合、時間の経過と共に元の軟らかさに回復しますが、瞬結では元に戻ることはありません。

④安定性（soundness）

　安定性とは、凝結の過程において、コンクリートの体積が異常に変化することなしに安定が維持される状態です。セメント粒子内部に含まれる石灰（CaO）、酸化マグネシウム（MgO）が多い場合、これらの成分の水和反応によって異常膨張が発生することがあります。JISの試験方法（パット法）では、硬化した直径約10cmの円形板状のセメントペーストの試験体を加熱・冷却したあとの膨張性のひび割れ、反りの有無で判定します。

⑤水和熱（heat of hydration）

　水和熱はセメントの水和反応である凝結・硬化の過程で発生する反応熱で、凝結・硬化の速度が速いほど大きな水和熱を発生します。水和が発生していないセメントの温度と水和が始まったセメントの温度差をもって水和熱とされます。打設量の多いマスコンクリートの場合、水和熱を抑えることで温度応力による初期のひび割れの発生を制御することが必要となります。このため、単位水量を減らすことで水和熱の制御ができる、中庸熱ポルトランドセメントや低熱ポルトランドセメントが使用されます。

⑥強さ（strength）

　セメントの強さを評価するには、質量比でセメント1に対し、標準砂3、水1/2（水／セメント比0.50）の配合のモルタルで4×4×16cmの角柱供試体を形成し、一定条件下の**養生**[※]で、圧縮強さあるいは曲げ強さを試験します（試験方法：JIS R 5201）。セメントの強さは、品質管理と共に、コンクリートの配合設計や力学的性質にとって重要な指標となります。

⑦風化（aeration）

　セメントは空気にさらされると空気中の水分と二酸化炭素を吸収します。水分によって軽微な水和反応が起こり、二酸化炭素で炭酸カルシウムを生成します。これを風化といいます。風化が進行すると凝結時間が遅れ、強さの低下の原因となります。この風化の程度は、セメントを800〜1000℃の高温で加熱する前後の重量を比べたとき、その減少量に表れます。

[※]**養生**　打設後、コンクリートが硬化するまで適切な環境に保持すること。

　これを強熱減量といい、JIS規定では3%以下に制限されています。酸化マグネシウムも含有量が多いと長期の安定性に影響するため、5%の上限値が規定されています。

ポルトランドセメントの特性*

品質		ポルトランドセメント					
		普通	早強	超早強	中庸熱	低熱	耐硫酸塩
密度*	g/cm³	—	—	—	—	—	—
比表面積	cm²/g	2500以上	3300以上	4000以上	2500以上	2500以上	2500以上
凝結	始点 min	60以上	45以上	45以上	60以上	60以上	60以上
	終点 h	10以下	10以下	10以下	10以下	10以下	10以下
安定性	パット法	良	良	良	良	良	良
	ルシャテリエ法	10以下	10以下	10以下	10以下	10以下	10以下
圧縮強さ (N/mm²)	1d	—	10.0以上	20.0以上	—	—	—
	3d	12.5以上	20.0以上	30.0以上	7.5以上	—	10.0以上
	7d	22.5以上	32.5以上	40.0以上	15.0以上	7.5以上	20.0以上
	28d	42.5以上	47.5以上	50.0以上	32.5以上	22.5以上	40.0以上
	91d	—	—	—	—	42.5以上	—
水和熱 (J/g)	7d	—*	—	—	290以下	250以下	—
	28d	—*	—	—	340以下	290以下	—
酸化マグネシウム (%)		5.0以下	5.0以下	5.0以下	5.0以下	5.0以下	5.0以下
三酸化硫黄 (%)		3.0以下	3.5以下	4.5以下	3.0以下	3.5以下	3.0以下
強熱減量 (%)		3.0以下	3.0以下	3.0以下	3.0以下	3.0以下	3.0以下
全アルカリ (%)		0.75以下	0.75以下	0.75以下	0.75以下	0.75以下	0.75以下
酸化物イオン (%)		0.035以下	0.02以下	0.02以下	0.02以下	0.02以下	0.02以下
ケイ酸三カルシウム (%)		—	—	—	50以下	—	—
ケイ酸二カルシウム (%)		—	—	—	—	40以上	—
アルミン酸三カルシウム (%)		—	—	—	8以下	6以下	4以下

※測定値を報告する。

*…の特性　JIS R 5210:2009に規定される品質特性。

▶▶ 骨材

●骨材とは

骨材（aggregate）とは、モルタルまたはコンクリートを作るために、セメント、水と混ぜ合わせる各種の岩石よりなる砂、砂利、砕石および高炉スラグなどで、コンクリート体積のおよそ65〜80％を占めます。

骨材の役割は、セメント硬化体の一部を母材より安定的で硬度の高い材料で置き換えることにより、構造材としてのコンクリートの抵抗性を高めることにあります。豊富な自然材料である岩石に由来する骨材は、安定的かつ安価なコンクリートの原材料として供給できる利点があります。

骨材の一般的な条件としては、有機物、泥などを含まず清浄で、物理的・化学的にアルカリシリカ反応などを生じさせない安定性が求められます。骨材の望ましい粒子形状としては、コンクリートのワーカビリティーから扁平や細長いのではなく、球または立方形に近い形状で、適当な粒度分布があることが求められます。

骨材に使われる岩石の種類としては、一般的には安山岩、玄武岩のような火山岩に良質なものが多く、砂岩、石灰岩なども使用されます。頁岩、粘板岩、凝灰岩のような堆積岩では破砕すると形状が扁平となり、あるいは岩質が軟らかくて骨材として適さないものがあります。

●骨材の分類

骨材は粒径（粒の大きさ）によって**細骨材**（fine aggregate）と**粗骨材**（coarse aggregate）に分れます。細骨材は、10mmのふるいを100％通り、5mmのふるいを質量で85％以上が通る骨材です。粗骨材は、5mmのふるいに質量で85％以上がとどまる骨材です。

骨材は採取場所や製造方法などの出所によって、**天然骨材**、**人工骨材**などに分類できます。天然骨材には、川砂（砂利）、海砂（砂利）、山砂（砂利）、天然軽量細（粗）骨材などがあり、人工骨材には、砕石・砕砂、人工軽量骨材、スラグ骨材、再生骨材、混合骨材などがあります。

粒径による骨材の分類

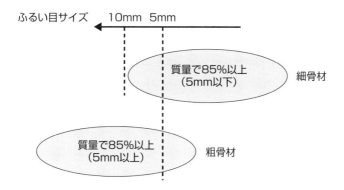

ふるい目サイズ　10mm　5mm

質量で85%以上
（5mm以下）　　細骨材

質量で85%以上
（5mm以上）　　粗骨材

出所による骨材の分類

分類	名　称
天然骨材	川砂（砂利）
	海砂（砂利）
	山砂（砂利）
	天然軽量細（粗）骨材

分類	名　称
人工骨材	砕石・砕砂
	人工軽量骨材
	スラグ骨材
	再生骨材
	混合骨材

●骨材の供給量

　骨材の国内供給量（2016年度）は370百万tで、このうち70%を砕砂・砕石が占め、26%が川砂（砂利）、海砂（砂利）、山砂（砂利）などの天然骨材、4%が軽量骨材、スラグなどとなっています。

　過去40年ほどの国内の骨材供給の推移を見ると、供給量と共に、天然骨材と人工骨材の割合が大きく変化しています。1960年代後半に420百万tであった骨材供給量は、1990年にはピークの950百万tとなり、以後は減少をたどって、2016年にはピークの40%程度の370百万tとなっています。天然骨材と人工骨材の割合については、1970年代には砕砂・砕石が40%台、川砂（砂利）などの天然骨材は50〜60%でしたが、環境保全による採取の規制などによって、天然骨材は減少、人工骨材は増加の方向で変化してきました。

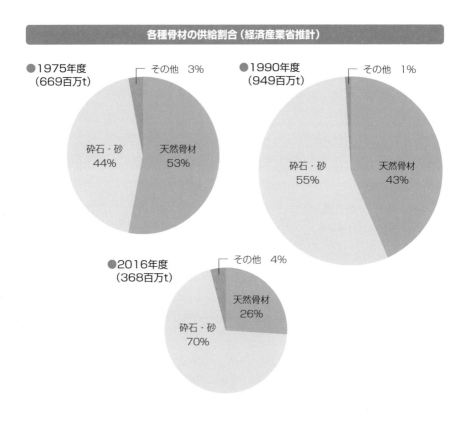

各種骨材の供給割合（経済産業省推計）

●1975年度
（669百万t）
その他　3%
砕石・砂　44%
天然骨材　53%

●1990年度
（949百万t）
その他　1%
砕石・砂　55%
天然骨材　43%

●2016年度
（368百万t）
その他　4%
天然骨材　26%
砕石・砂　70%

▶▶ 各種骨材の特徴

①天然骨材

天然骨材は、岩石から自然作用によって産出されたもので、川砂（砂利）、海砂（砂利）、山砂（砂利）、天然軽量細（粗）骨材などがあります。天然材料であるため、それぞれの品質は種類や産地によって大きく異なります。一般には川砂（砂利）は角に丸みがあり、ワーカビリティーの点でコンクリートに適しています。現在では天然骨材のうちの大半は山・陸から採取されるものであり、川砂（砂利）の割合は10%程度です。

②人工骨材

●砕石・砕砂

砕石・砕砂は、岩石をクラッシャなどで粉砕して人工的に産出された骨材です。原材料としては、国内では10種類以上の岩種がありますが、安山岩、砂岩および石灰岩が全体の約70%を占めます。一般的には、砕石・砕砂は骨材強度が高く、セメントペーストとの付着も良いことから、高強度のコンクリートの骨材として適しています。川砂（砂利）、海砂（砂利）などの天然骨材と比べると、角のある形状であるためワーカビリティーが低い傾向があります。

●人工軽量骨材

軽量骨材は、絶乾比重が2.0未満で、コンクリートの重さの欠点を補い、軽量であることが利点となる土木・建築構造物やカーテンウォール、断熱熱材などに利用されます。

人工軽量骨材は、頁岩などを高温焼成したものや、フライアッシュを粒状に焼成したものです。このほか、膨張スラブなどを利用した副産軽量骨材もあります。

軽量骨材は、橋梁の床版・地覆、建築では床スラブなどに使われていますが、近年、その需要は限定的です。なお、軽量骨材には、火山から噴出した軽石、火山礫などの天然軽量骨材もありますが、人工軽量骨材に比べて吸水性が大きく、品質の安定性にばらつきがあります。

●スラグ骨材

　スラグ骨材とは、金属製錬の過程で副産物として排出されるスラグ（鉱滓<ruby>こうさい</ruby>）を原料として人工的に作った細骨材・粗骨材です。天然骨材と比較すると、密度が小さく吸水率が大きいことを特徴としています。

　高炉スラグ骨材（粗骨材、細骨材）は、フェロニッケルスラグ細骨材、銅スラグ細骨材、電気炉酸化スラグ骨材（粗骨材、細骨材）としてJISに規定されています。高炉スラグ骨材は、コンクリートの耐久性に影響を及ぼす有機不純物や粘土、貝殻などを含まず、品質のばらつきが少ないことや、アルカリシリカ反応による膨張がないことなどの特性があります。電気炉酸化スラグ骨材は、絶乾密度が約3.6 g/cm^{3}と大きく、放射線遮蔽用のコンクリートや重量コンクリートなどに利用されています。

　このほか、一般廃棄物や下水汚泥の焼却灰を原料として溶融固化した溶融スラグ骨材もあります。

●再生骨材

　再生骨材とは、構造物の解体で発生する産業廃棄物としてのコンクリート塊を原材料とし、クラッシャなどで破砕し、分級などの処理を行って再生したコンクリート用骨材です。原材料のコンクリート解体材の状態や加工方法によって生じる、再生材としての品質の差に応じて、「H」「M」「L」の3種類に分けられています。

　再生骨材Hは、破砕、磨砕、および粒子の大きさ別に分離する分級などの高度な処理を行うもので、元の骨材と同程度の品質があります。これに対して、再生骨材MおよびLは、骨材表面にモルタルなどが付着しており、天然骨材よりも密度が小さく吸水率が大きい傾向があります。

　再生骨材Mは、破砕、磨砕などの処理を行ったもので、乾燥時の収縮や凍結時の融解による影響が少ない基礎梁や杭<ruby>くい</ruby>などのコンクリートに使用されます。

　再生骨材Lは、破砕しただけの骨材で、裏込めコンクリートや捨てコンクリートなど、高い強度や高い耐久性が要求されない地下構造物、構造物以外の部材や部位に使用されます。

●混合骨材

　混合骨材とは、品質および資源の有効利用の観点から、複数の骨材を混合して用いる骨材です。例えば、粒度の細かい山砂に粒度の粗い砕砂を混合することで、粒度分布を改善する場合があります。JIS A 5308の附属書A（レディーミクストコンクリート用骨材）の「A.9骨材を混合して使用する場合」では、同基準で分類される骨材の種類の組み合わせ方に応じて、以下のように規定されています。

・**同一種類の骨材を混合して使用する場合**

　混合後の骨材の品質が、それぞれの骨材の規定に適合しなければならない。ただし、混合前の各骨材の絶乾密度、吸水率、安定性およびすりへり減量については、それぞれの骨材の規定に適合しなければならない。

・**異種類の骨材を混合して使用する場合**

　混合前の各骨材の品質が、塩化物量および粒度を除いて、それぞれの骨材の規定に適合しなければならない。

●**骨材の粒度**

　骨材の粒度（grading）とは、骨材の粒子の大きさの混合している程度です。フレッシュなコンクリートにおける流動性は、粒子間のセメントペーストの水、セメントの量と共に、粒度によって影響を受けます。粒径が特定粒径に偏らず、大きなものから小さなものまで分布する骨材は、骨材間の空隙が小さくなり、水、セメントの使用量が少なくなり、ワーカビリティーも向上します。

　粒度を調べるには、複数の金属製網ふるいを用いて、それぞれの網目の残留・通過骨材粒子を計測する、というふるい分け試験（JIS A 1102）によって、骨材粒子の大きさの分布を求めます。

　骨材の粒度は、コンクリートの品質に影響を与えることから、コンクリート標準示方書（土木学会）では、好ましい骨材の粒度範囲を示しています。

　骨材の粒度の分布をグラフに描いたのが**粒度曲線**です。ふるい目の呼び寸法を横軸に対数目盛りでとり、縦軸にふるいの通過質量百分率をとります。

細骨材の粒度の標準（コンクリート標準示方書 施工編、土木学会）

ふるいの呼び寸法 (mm)	ふるいを通るものの質量百分率 (%)
10	100
5	90〜100
2.5	80〜100
1.2	50〜90
0.6	25〜65
0.3	10〜35
0.15	2〜10※

※砕砂あるいはスラブ細骨材を単独に用いる場合には、2〜15%にしてよい

粗骨材の粒度の標準（コンクリート標準示方書 施工編、土木学会）

ふるいの呼び寸法 (mm)		ふるいを通るものの質量百分率 (%)								
		50	40	30	25	20	15	13	10	5	2.5
粗骨材の最大寸法 (mm)	40	100	95〜100	−	−	35〜70	−	−	10〜30	0〜5	−
	25	−	−	100	95〜100	−	30〜70	−	−	0〜10	0〜5
	20	−	−	−	100	90〜100	−	−	20〜55	0〜10	0〜5
	10	−	−	−	−	−	−	100	90〜100	0〜15	0〜5

骨材の粒度曲線

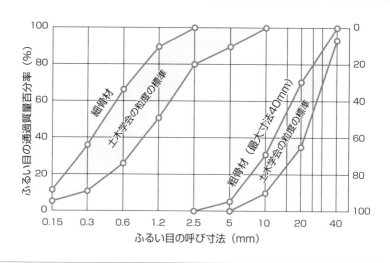

骨材の粒度の分布である各粒径の混合割合を評価する方法として、**粗粒率**（FM：fineness modulus）が用いられます。粗粒率は0.15mmから80mmまで10種類のふるい目でふるい分けをして、それぞれのふるいにとどまる骨材質量%の合計を100で割った値で与えられます。10種類のふるい目は細かい方から1番目が0.15mmで、以後2番目0.3mm、0.6、1.2、2.5、5、10、20、40、そして10番目が80mmです。

粗粒率は通常、細骨材の場合で2.5〜3.5程度、最大寸法20〜25mmの粗骨材の場合で6.0〜7.0程度ですが、これは細骨材の場合2.5〜3.5番目（0.3〜0.6mm）、粗骨材の場合、6.0〜7.0番目（5〜10mm）のふるいにとどまるものが多いということで、各粒径の加重平均を意味しています。粗粒率は、骨材粒度の管理、単位水量や細骨材率の推定など、コンクリートの配合設計において有用なデータとなります。

●粗骨材の最大寸法

粗骨材の最大寸法とは、質量で少なくとも90%が通るふるいのうち、最小寸法のふるいの呼び寸法で示される寸法です。

コンクリートは、粗骨材の寸法が大きくなるほど骨材間の空隙が減少し、セメントや水の量を減少させることができます。最大寸法が大きいほど、同一スランプを得るのに必要な単位水量が少なくなります。このため、所定の品質のコンクリートを経済的に作るには、最大寸法はより大きい方が望ましいことになります。しかし、骨材の最大寸法は部材の最小寸法、鉄筋の間隔や配筋、かぶり等によって施工性の面から制約を受けます。このためコンクリート標準示方書では、粗骨材の最大寸法の標準は、一般の鉄筋コンクリートの場合20または25mm、断面の大きい場合で40mm、ダムの場合では150mmとされています。

●含水量

骨材は通常、内部および表面に水を保持しているため、品質の良い、所定の配合設計どおりのコンクリートを作るためには、この含水状態を把握することが必要となります。含水状態としては、乾燥から湿潤まで4つの状態を想定し、それぞれの含水状態の水量を把握します。通常、コンクリートの示方配合では、含水量は表乾状態

で表されます。

①絶対乾燥状態（絶乾：over dry condition）

100〜110℃の温度で質量が一定となるまで乾燥させて内部の水分を除去した状態。

②空気中乾燥状態（気乾：air dry condition）

自然乾燥条件下に放置した状態で、表面に水膜はなく内部に水が存在する状態。

③表面乾燥状態（表乾：saturated surface dry condition）

表面に水はないが、内部の空隙はすべて水で飽和された状態。

④湿潤状態（wet condition）

表面に水膜があり、内部の空隙はすべて水で飽和された状態。

吸水率、含水率、表面水率は以下の式から得られます。

吸水率（%）＝（吸水量÷表乾状態の質量）×100

含水率（%）＝（含水量÷絶乾状態の質量）×100

表面水率（%）＝（表面水量÷表乾状態の質量）×100

骨材の含水状態

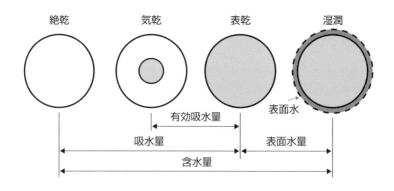

●比重

骨材の粒子は内部に空隙があるので、この空隙の存在と内部の水の有無で、骨材の比重は変わります。内部に水のない絶対乾燥状態の骨材の質量をその体積で割って得られるのが**絶対比重**で、表面乾燥状態の骨材の質量をその体積で割ったものが**表乾比重**です。通常は、表乾比重が骨材の比重として使われます。骨材の比重は岩質によって異なりますが、一般には、細骨材で2.5〜2.65、粗骨材で2.55〜2.70程度の範囲にあります。通常、比重が大きいほど緻密で良質だとされ、JISでは下限値が定められています。

●単位容積質量

骨材の単位容積質量は、1m³あたりの骨材質量です。骨材の比重、粒子形状、粒度、含水量によって異なります。また、測定するときの容器の形状や、詰め方によっても異なります。このため、JIS A 1104では、骨材の最大寸法に応じた容器の寸法、突き棒の形状、突き方や回数など、計測方法が定められています。通常、単位容積質量は細骨材で1450〜1700kg/m³、粗骨材で1750〜2000kg/m³の範囲にあります。

●実積率

骨材の実積率とは、骨材の容積中に占める実質部（固体）の割合で、（単位容積質量÷比重）×100で得られます。実積率は骨材の形状によって変化するため、骨材の粒子形状の評価に使われます。実積率がより小さいほど単位水量の少ない良質なコンクリートとなります。実積率は一般には、砂利で55〜70%、砕石で50〜60%程度で、砕石は砂利に比べて粒形が角張っているため小さい実積率となります。

●耐久性

骨材の物理的耐久性として、すりへりに対する抵抗性があります。粗骨材のすりへり抵抗性の評価は、「ロサンゼルス試験機による粗骨材のすりへり試験方法」（JIS A 1121）による方法があります。

この方法は、鋼製円筒ドラムに鋼球ショットとサンプルの粗骨材を入れて一定時間回転させ、骨材のすりへり減量を測定することで、骨材のすりへり抵抗性を評価するものです。すりへり減量の限度は、JISの規定（JIS A 5005：コンクリート用砕石及び砕砂）では、すりへり作用を受ける舗装用コンクリートの場合で35％以下、ダム用コンクリートでは40％以下とされています。

凍結融解に対する抵抗性も骨材の物理的耐久性として重要です。寒冷地においてコンクリート中の水分が外気温の変化に伴う凍結融解による膨張・収縮を繰り返すことで、劣化の原因となる場合があります。

この凍結融解に対する抵抗性評価のための試験方法としては、供試体を直接凍結融解する凍結融解試験もありますが、設備・時間を要することから、一般には安定性試験（JIS A 1122：ナトリウムによる骨材の安定性試験方法）によって評価をします。

この試験方法では、硫酸ナトリウム水溶液に供試体を16〜18時間浸漬し、乾燥機で4〜6時間の乾燥を5回繰り返す促進試験を行います。試験前後を比較して得られる損失質量をもって、気象作用に対する骨材の安定性を判断します。一般には、損失質量を試験前の質量で割って求めた損失質量率が、細骨材で10％以下、粗骨材で12％以下とされています。

骨材の化学的耐久性としては、アルカリ骨材反応への抵抗性があります。骨材の鉱物に含有されるある成分がセメント中のアルカリと反応を起こすと、反応物が水分を吸収して膨張し、コンクリートにひび割れが発生してゲルの滲出などが起こります。ひび割れの多くはコンクリート表面に近い付近で発生しますが、ひび割れから浸入する水分によって凍害、化学的侵食に対する抵抗性の低下、鉄筋の腐食などの劣化も発生します。

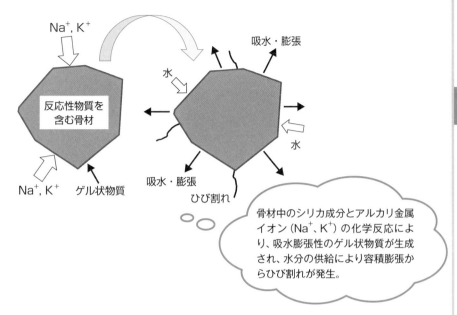

アルカリシリカ反応の発生メカニズム

骨材中のシリカ成分とアルカリ金属イオン（Na^+、K^+）の化学反応により、吸水膨張性のゲル状物質が生成され、水分の供給により容積膨張からひび割れが発生。

第2章　コンクリート

　アルカリ骨材反応のうち、国内で問題とされるのは**アルカリシリカ反応（ASR）**で、1980年代以降、アルカリシリカ反応を原因とするコンクリートの早期劣化が顕在化しました。

　この反応性に対する判定には、アルカリシリカ反応性試験（JIS A 1145：化学法、1146：モルタルバー法）による方法があります。

　化学法は、粉砕した骨材をNaOH溶液に浸漬したあとの濾液中の溶解シリカ量とOH⁻イオン濃度の減少をもって、骨材のアルカリ反応性を判定する方法です。

　モルタルバー法は、モルタルバーの試験片を一定の条件下で保存し、26週後に長さの変化より膨張量を測定してアルカリ反応性を判定する方法です。

　なお、JIS A 5308（レディーミクストコンクリート）の附属書Bでは、アルカリシリカ反応抑制対策の方法として、コンクリート中のアルカリ総量の規制、アルカリシリカ反応抑制効果のある混合セメントなどの使用、および安全と認められる骨材の使用、という抑制対策が示されています。

●有害物

　骨材に混入してコンクリートの品質に影響を与える有害物としては、粘土塊、微粒分、有機不純物、軟石、石炭・亜炭、塩化物、有害鉱物などがあります。

　粘土塊は、山陸産の骨材に含まれるもので、強度・耐久性低下の影響があります。**微粒分**とは泥分や石粉で、泥分は単位水量の増加、ブリーディング量の減少、凝結時間の変化、レイタンス量の増加の原因となります。石粉は、混入量が多すぎると泥分と同様な影響がありますが、適度な粉末度・混入量であれば、強度やワーカビリティーの改善になります。

　有機不純物は、河川・山陸産の骨材に混入するフミン酸やタンニン酸などの有機物で、コンクリートの凝結を妨げ、強度や耐久性の低下という影響があります。

　軟石は軟らかい石片で、すりへり抵抗性が低いため、舗装など表面の硬さが要求される場合に問題となります。**石炭・亜炭**とは、山陸産の骨材に混入するもので、含まれる硫黄分の酸化の影響によって強度や耐摩耗性が低下する影響があります。

　塩化物は、海浜産の骨材に含まれるもので、コンクリートの凝結、強度への影響よりも、鋼材の腐食に対する影響が懸念されます。

　コンクリート標準仕様書 施工編には、骨材中の有害物含有量の標準的な試験項目と基準が示されています。

骨材中の有害物含有量の基準 (コンクリート標準仕様書 施工編)

種　類	細骨材	粗骨材
粘土塊量	1.0以下[※1]	0.25以下[※1]
微粒分量		1.0以下
コンクリートの表面がすりへり作用を受ける場合	3.0以下	
その他の場合	5.0以下	
塩化物量(NaClとして)	0.04以下[※2]	－

※1 試料はJIS A 1103による骨材の微粒分量試験を行ったのちに、ふるいに残存したものから採取する。
※2 骨材の絶乾質量に対する百分率であり、NaClに換算した値で示す。

▶▶ 混和材料

●混和材料とは

　混和材料（admixture）とは、コンクリートを構成するセメント、骨材、水以外の材料で、コンクリートの練混ぜ中、あるいはそれ以前に添加されるものです。混和材料の目的は、コンクリートの物理的・力学的性質の改善、耐久性の向上、あるいはそれら以外の特殊な性質を付与することです。JIS規定（JIS A 0203：コンクリート用語）には、「セメント、水、骨材以外の材料で、コンクリートなどに特別の性質を与えるために、打込みを行う前までに必要に応じて加える材料」とあります。

　混和材料は、使用量が比較的多く、コンクリートの容積に算入するように配合設計で考慮する場合を**混和材**（admixture）、量的に無視しうる場合を**混和剤**（chemical admixture）と区分しています。混和材料には各種のものがありますが、混和材では無機質、混和剤では有機質のものがそれぞれ主体となっています。

●混和材料の種類と特徴

①混和材

　混和材は、コンクリートの性状を改善し、性能を向上させる目的で使用されます。混和材はほとんどがセメントと同様に粉体で、セメントの一部を混和材に置き換えて使用するか、セメントに追加して使用します。使用量は、通常セメント質量のおよそ10～30%程度ですが、高炉スラグ微粉末の場合は、セメント質量の60～70%が使用される場合もあります。

　混和材には、自身は水硬性を持たず、セメント中の水酸化カルシウムと化合、あるいはセメント中のアルカリ性に反応して水に溶けない化合物を形成して結合材となる高炉スラグ、フライアッシュ、ポゾラン、シリカフュームなど、および水と反応して体積を増加させコンクリートを膨張させる作用をするものがあります。

混和材料の分類 （コンクリート標準示方書 施工編）

<table>
<tr><th colspan="2"></th><th>効果</th><th>材料</th></tr>
<tr><td rowspan="7">混和材</td><td>①</td><td>ポゾラン反応（活性）が利用できるもの</td><td>フライアッシュ、シリカフューム、火山灰、ケイ酸白土、ケイ藻土</td></tr>
<tr><td>②</td><td>主として潜在水硬性が期待できるもの</td><td>高炉スラグ微粉末</td></tr>
<tr><td>③</td><td>硬化過程において膨張を起こさせるもの</td><td>膨張材</td></tr>
<tr><td>④</td><td>オートクレーブ養生によって高強度を生じさせるもの</td><td>ケイ酸質微粉末</td></tr>
<tr><td>⑤</td><td>着色させるもの</td><td>着色剤</td></tr>
<tr><td>⑥</td><td>流動性を高めたコンクリートの材料分離やブリーディングを減少させるもの</td><td>石灰石微粉末</td></tr>
<tr><td>⑦</td><td>その他</td><td>高強度混和材、間隙充填モルタル用混和材、ポリマー、増量材など</td></tr>
<tr><td rowspan="13">混和剤</td><td>①</td><td>ワーカビリティー、耐凍害性などを改善させるもの</td><td>AE剤、AE減水剤</td></tr>
<tr><td>②</td><td>ワーカビリティーを向上させ、所要の単位水量および単位セメント量を減少させるもの</td><td>減水剤、AE減水剤</td></tr>
<tr><td>③</td><td>大きな減水効果が得られ、強度を著しく高めることも可能なもの</td><td>高性能減水剤、高性能AE減水剤</td></tr>
<tr><td>④</td><td>所要の単位水量を著しく減少させ、良好なスランプ保持性を有し、耐凍害性も改善させるもの</td><td>高性能AE減水剤</td></tr>
<tr><td>⑤</td><td>配合や硬化後の品質を変えることなく、流動性を大幅に改善させるもの</td><td>流動化剤</td></tr>
<tr><td>⑥</td><td>粘性を増大させ、水中においても材料分離を生じにくくさせるもの</td><td>水中不分離混和剤</td></tr>
<tr><td>⑦</td><td>凝結、硬化時間を調節するもの</td><td>促進剤、急結剤、遅延剤、打ち継ぎ用遅延剤、起泡剤、発泡剤</td></tr>
<tr><td>⑧</td><td>気泡の作用により充填性の改善や質量を調節するもの</td><td>起泡剤、発泡剤</td></tr>
<tr><td>⑨</td><td>増粘または凝集作用により、材料分離を制御させるもの</td><td>ポンプ圧送助剤、分離低減剤、増粘剤、増粘成分が配合された高性能AE減水剤</td></tr>
<tr><td>⑩</td><td>流動性を改善し、適当な膨張性を与えて充填性と強度を改善するもの</td><td>プレパックドコンクリート用混和剤、高強度プレパックドコンクリート用混和剤、間隙充填モルタル用混和剤</td></tr>
<tr><td>⑪</td><td>塩化物イオンによる鉄筋の腐食を制御させるもの</td><td>鉄筋コンクリート用防錆剤</td></tr>
<tr><td>⑫</td><td>乾燥収縮ひずみを低減させるもの</td><td>収縮低減剤、収縮低減成分が配合された高性能AE減水剤、収縮低減成分が配合されたAE減水剤</td></tr>
<tr><td>⑬</td><td>その他</td><td>防水剤、防凍・耐寒剤、水和熱制御剤、粉塵低減剤、付着モルタル安定剤など</td></tr>
</table>

●高炉スラグ微粉末

高炉スラグ微粉末は、製鉄工程の高炉の製銑で副成される高炉スラグを粉砕したものです。溶融状態の高炉スラグを水または空気で急冷して乾燥したのち、微粉砕して得られます。混和材として使われる高炉スラグは、ほとんどが水砕高炉スラグです。JISでは比表面積（cm²/g）によって3000、4000、6000、8000の4種類が規定されています（JIS A 6206）。

高炉スラグ微粉末は、組成がセメントに似ていることから、ポルトランドセメントより速度は遅いですが、水和反応によって水硬します。高炉スラグ微粉末を使用する目的としては、長期強度の改善、水和熱の低減、温度ひび割れ防止、アルカリ骨材反応の防止などがあり、適切な湿潤養生を行えば、セメントペーストが密実になるため耐海水性が向上します。

高炉スラグ微粉末の品質（JIS A 6206）

品質		高炉スラグ微粉末3000	高炉スラグ微粉末4000	高炉スラグ微粉末6000	高炉スラグ微粉末8000
密度	g/cm³	2.80以上	2.80以上	2.80以上	2.80以上
比表面積	cm²/g	2,750以上	3,500以上	5,000以上	7,000以上
		3,500未満	5,000未満	7,000未満	10,000未満
活性度指数 (%)	材齢7日	—	55以上	75以上	95以上
	材齢28日	60以上	75以上	95以上	105以上
	材齢91日	80以上	95以上	—	—
フロー値比	%	95以上	95以上	90以上	85以上
酸化マグネシウム	%	10.0以下	10.0以下	10.0以下	10.0以下
三酸化硫黄	%	4.0以下	4.0以下	4.0以下	4.0以下
強熱減量	%	3.0以下	3.0以下	3.0以下	3.0以下
塩化物イオン	%	0.02以下	0.02以下	0.02以下	0.02以下

●フライアッシュ

フライアッシュとは、火力発電所などの微粉炭燃焼ボイラーの燃焼ガスから集塵機で捕集される微細な灰成分の粒子で、JISでは強熱減量や粉末度などの品質によってⅠ種～Ⅳ種に分類されています（JIS A 6201）。フライアッシュの化学組成は石炭の種類によって異なりますが、主成分は二酸化ケイ素、アルミナ、酸化鉄などです。フライアッシュは比表面積が小さいという特徴があり、所要の流動性を得るための単位水量の減少やワーカビリティーの向上が期待できます。フライアッシュをセメントの一部に代替して使用すると、水和熱の発生が抑制されるので、マスコンクリートに適しています。

●ポゾラン

ポゾラン（pozzolan）は、それ自体は水硬性をほとんど持ちませんが、粉末の状態で、水の存在のもとで水酸化カルシウムと常温で反応し、接着性のある不溶性の化合物を生成して硬化する性質があります。これをポゾラン反応といいますが、この接着性のある不溶性の化合物（C-S-Hなど）によって、緻密な内部組織を持つコンクリートが期待できます。また、水溶性分の水酸化カルシウムが減少することで、化学抵抗性が向上します。

●シリカフューム

シリカフューム（silica fume）は、金属シリコンまたはフェロシリコンをアーク式電気炉で製造する際の副産物を原料としています。発生した排ガスから捕集される高純度の二酸化ケイ素を主成分とする、平均径0.1μmの微細な非結晶球状粒子です。

シリカフュームをセメントと置換したコンクリートでは、高性能AE減水剤と併用することによって、流動性が高くブリーディングや材料分離が少なくなって施工性が向上することから、繊維補強コンクリートや、NATM吹付け用、グラウト用のコンクリートで使用されています。また、強度発現性が増大し、水密性、化学抵抗性なども向上します。

●膨張材

　膨張材（expansive admixture）は、セメントおよび水と共に練り混ぜたあと、水和反応によってエトリンガイト、水酸化カルシウムなどを生成し、コンクリートまたはモルタルを膨張させる効果があります。膨張材はセメントよりも風化しやすいため、貯蔵に注意が必要です。膨張が水和反応によって発生するため、養生の初期での水分の供給が必要となります。

　用途としては、コンクリートのひび割れ防止、ケミカルプレストレスの導入、グラウト材などの充塡性の確保を目的として使用されます。体積膨張のメカニズムの違いで、CSA系、石灰系、鉄粉系の3種類があります。

②混和剤

　混和剤には、コンクリートの品質を総合的に改善する混和剤と、単位水量の低減、強度発現性の向上、流動性の向上といった特定の効果を期待するために開発された**化学混和剤**があります。化学混和剤は、JISの規定（JIS A 6204：コンクリート用化学混和剤）によって、ブリーディング量、凝結時間、材齢の圧縮強度比などの項目で品質が規定されています。

　混和剤は通常、粉体あるいは水溶液の形態のものが多く、コンクリートの練混ぜ水に混入して用います。使用量は、混和剤の種類によって異なりますが、数パーセント程度の微量です。

主な混和剤の作用と効果

作用	効果	混和剤の種類
独立気泡の連行	単位水量の低減、フレッシュコンクリートの性状改善、強度および耐久性向上	AE剤
独立気泡の連行およびセメントの分散		AE減水剤、高性能AE減水剤
セメントの分散	同じ単位水量によるスランプの増加	減水剤、高性能減水剤
	フレッシュコンクリートの流動性の改善と施工性向上	流動化剤
初期効果の促進	強度発現性の向上、初期凍害防止	硬化促進剤
凍結時間の遅延	ミキサー車ドラム付着モルタルの凝結遅延	付着モルタル安定剤
	コンクリートの凝結、初期硬化の遅延	凝結遅延剤
凍結時間の促進	強度発現性の向上、初期凍害防止	促進剤
	凝結・硬化時間の短縮、超早期強度発現	急結剤
粘性の増加	コンクリートの分離抵抗性向上	分離低減剤
不動態被膜形成	塩化物による鉄筋の腐食防止	防錆剤
凍結温度の低下	低温環境下での強度発現性向上、初期凍害防止	防凍剤、耐寒促進剤
空気泡の導入	コンクリートの軽量化、断熱性向上	起泡剤、発泡剤
水の表面張力低減	コンクリートの収縮低減、ひび割れ防止	収縮低減剤

化学混和剤の性能（JIS A 6204）

項目		AE剤	高性能減水剤	硬化促進剤	減水剤 標準形	減水剤 遅延形	減水剤 促進形	AE減水剤 標準形	AE減水剤 遅延形	AE減水剤 促進形	高性能AE減水剤 標準形	高性能AE減水剤 遅延形	流動化剤 標準形	流動化剤 遅延形
減水率	%	6以上	12以上	—	4以上	4以上	4以上	10以上	10以上	8以上	18以上	18以上	—	—
ブリーディング量の比	%	—	—	—	—	100以下	—	70以下	70以下	70以下	60以下	70以下	—	—
ブリーディング量の差	cm³/cm²	—	—	—	—	—	—	—	—	—	—	—	0.10以下	0.20以下
凝結時間の差（分） 始発		-60~+60	+90以下	—	-60~+90	+60~+210	+30以下	-60~+90	+60~+210	+30以下	-60~+90	+60~+210	-60~+90	+60~+210
凝結時間の差（分） 終結		-60~+60	+90以下	—	-60~+90	0~+210	0以下	-60~+90	0~+210	0以下	-60~+90	0~+210	-60~+90	0~+210
圧縮強度比（%） 材齢1日		—	—	120以上	—	—	—	—	—	—	—	—	—	—
圧縮強度比（%） 材齢2日		—	—	130以上	—	—	—	—	—	—	—	—	—	—
圧縮強度比（%） 材齢7日		95以上	115以上	—	110以上	110以上	115以上	110以上	110以上	115以上	125以上	125以上	90以上	90以上
圧縮強度比（%） 材齢28日		95以上	110以上	90以上	110以上	110以上	110以上	110以上	110以上	110以上	115以上	115以上	90以上	90以上
長さ変化比（%）	%	120以下	110以下	130以下	120以下	120以下	120以下	120以下	120以下	120以下	110以下	110以下	120以下	120以下
凍結融解に対する抵抗性（相対動弾性係数）	%	60以上						60以上	60以上	60以上	60以上	60以上	60以上	60以上
経時変化量	スランプ (cm)										6.0以下	6.0以下	4.0以下	4.0以下
経時変化量	空気量 (%)										±1.5以内	±1.5以内	±1.0以内	±1.0以内

●AE剤

AE剤は、微細な独立した空気泡（平均直径0.05mm程度）をコンクリート中に連行することで、凍結融解作用を受けるコンクリートの劣化防止（耐凍害性向上）を図る混和剤です。AE剤によって連行された**空気泡**（entrained air）には、コンクリートの流動性を高める効果があり、作業性が改善されます。また、所要の流動性を得るための単位水量を減少させることができます。コンクリート中の空気泡の存在は、コンクリート中に含まれる水の凍結による膨張圧の緩和の効果があり、耐凍害性が向上します。

一方、コンクリート中の空気量が増加することから、コンクリート圧縮強度は低下し、水セメント比が同じであれば、空気量が1%増加すると、圧縮強度は5%程度低下します。

●高性能減水剤

減水剤の作用は、セメント粒子の表面に付着することで、静電気的な反発効果により、凝集したセメント粒子を分散させることです。粒子の分散によって、セメントペーストの流動性が向上します。**高性能減水剤**は、過剰な空気の連行をすることなしにコンクリートの流動化をすることができます。高強度のコンクリート製品などに使用されています。

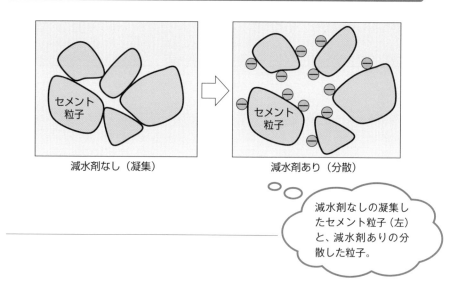

減水剤の作用概念図

減水剤なし（凝集）　　　減水剤あり（分散）

減水剤なしの凝集したセメント粒子（左）と、減水剤ありの分散した粒子。

●AE減水剤

AE減水剤は、空気泡をコンクリート中に連行するAE剤の作用と、セメント粒子を分散させる減水剤の作用を兼ね備えた混和剤です。単位水量を減少させ、セメント水和効率を向上させる効果があります。AE減水剤には、凝結時間の違いによって標準形、遅延形および促進形の3種類があります。遅延形はコンクリートの凝結を遅延させるので夏期に使用され、促進形は初期強度発現の特徴を持つため型枠取り外しを早める場合に使用されます。

●高性能AE減水剤

高性能AE減水剤は、空気連行性を持ち、AE減水剤よりも高い減水性能と良好なスランプ保持性能を併せ持つ混和剤です。主成分によってナフタリン系、ポリカルボン酸系、アミノスルホン酸系、メラミンスルホン酸系に分類されます。

AE減水剤の場合は使用量の範囲がある程度限定されているのに対し、高性能AE減水剤は使用量の範囲が広く設定できるので、通常のコンクリートから高強度コンクリート、高流動コンクリートまで幅広く適用されています。

●流動化剤

流動化剤は、セメント粒子を分散させることで、コンクリートの流動性を増大させるものです。使用方法は、他の混和剤が練混ぜ前に混入するのに対し、先にコンクリートを練り混ぜたあとで混入して使用します。流動化剤には、標準形と遅延形の2種類があります。標準形の流動化剤は主に一般のコンクリート工事に使用され、遅延形は暑中コンクリートなど凝結を遅延させる場合や、流動化後のスランプの低下を軽減させる場合に使用されます。

③その他の混和材料

●鉄筋コンクリート用防錆剤

コンクリートでは、セメントの水和反応で生成されたアルカリ成分の不動態被膜により、通常、内部の鉄筋は腐食しません。しかし、コンクリート中に一定以上の塩化物イオンが存在すると、塩化物イオンによって不動態被膜が破壊され発錆します。

　鉄筋コンクリート用防錆剤は、鉄イオンと亜硝酸イオンが反応して鉄筋を保護する被膜が形成されることで、鉄筋の腐食を抑制するために使用されます。

●付着モルタル安定剤

　付着モルタル安定剤は、コンクリートミキサー車のドラム内部に付着したモルタルの凝結を長時間遅延させる薬剤です。凝結を遅延させることで、内部の付着モルタルをスラリー状にして再利用をするために利用されます。

●収縮低減剤

　収縮低減剤は、コンクリートの乾燥収縮や自己収縮を低減する効果を持つ混和剤です。収縮低減剤は界面活性剤の一種であり、セメント硬化体の毛細管空隙に含まれる水の表面張力を低下させて、蒸発に伴う毛細管張力を小さくする効果があります。

▶▶ 水

●コンクリートに影響を与える含有物質

　コンクリートの練混ぜ水は、セメントの水和反応に影響を与える物質を含まないことが求められます。影響を与える物質とは、硫酸塩、ヨウ化物、リン酸塩、ホウ酸塩、炭酸塩、鉛、亜鉛、銅、錫、マンガン化合物、糖類、バルブ廃液、腐食物質などです。これらの物質が含まれると、コンクリートのワーカビリティー、凝結、硬化、強度発現、体積変化、耐久性などに有害な影響を与えることがあります。

　また、海水は、鉄筋コンクリートやプレストレストコンクリート、鉄骨鉄筋コンクリートなどで腐食を起こすために、使用が禁止されています。無筋コンクリートであっても、海水はコンクリートの長期材齢の強度や耐久性を低下させ、アルカリ反応性の骨材であればアルカリ骨材反応によるひび割れの発生原因となります。

●練混ぜ水の条件

　JISでは、「レディーミクストコンクリートの練混ぜに用いる水（JIS A 5308）」として**練混ぜ水**の品質が規定されています。水は、上水道水、上水道水以外の水、および回収水に区分されています。

　上水道水は、練混ぜ水として特に試験を行わなくても用いることができます。上水道水以外の水については、品質が規定されています。

　河川水、湖沼水、井戸水、地下水などとして採水され、特に上水道水としての処理がなされていないもの、および工業用水で回収水（スラッジ水）でないものについては、以下の品質基準と試験方法が示されています。

・懸濁物質の量：2g/ℓ以下
・溶解性蒸発残留物の量：1g/ℓ以下
・塩化物イオン（Cl⁻）量：200mg/ℓ以下
・セメントの凝結時間の差：始発は30分以内、終結は60分以内
・モルタルの圧縮強さの比：材齢7日および材齢28日で90%以上

　回収水（**スラッジ水**）の品質については、以下の品質基準と試験方法が示されています。

・塩化物イオン（Cl⁻）量：200mg/ℓ以下
・セメントの凝結時間の差：始発は30分以内、終結は60分以内
・モルタルの圧縮強さの比：材齢7日および材齢28日で90%以上

　なお、スラッジ水を上水道水、上水道水以外の水、または上澄水と混合して用いる場合の品質の判定は、スラッジ固形分率が3%になるように、スラッジ水の濃度を5.7%に調整した試料を用いて試験を行うこと、とされています。また、スラッジ水を用いる場合には、スラッジ固形分率は3%を超えてはならないとされています。

2-3

コンクリートの性能

　コンクリートの性能については、フレッシュコンクリートと、凝結・硬化したコンクリートに分けて説明します。フレッシュコンクリートに求められる性能は主に施工性に関連し、硬化したコンクリートでは強度や耐久性などに関連します。

▶▶ フレッシュコンクリート

●フレッシュコンクリートとは

　所定の材料を使用して製造されたコンクリートは、施工現場まで運搬されて、所定の型枠に打ち込まれ、締固め、表面仕上げの過程を経て養生されます。コンクリートは、セメント、水、骨材および混和材（剤）を混合すると、時間の経過と共に水和反応が始まり流動性を失い、凝結を経て硬化する過程をたどります。

　フレッシュコンクリートとは、これらの過程のうち凝結・硬化以前のまだ固まらない状態にあるコンクリートです。性状の違いから、硬化する前のコンクリートを固まった状態の硬化コンクリートと区別して、フレッシュコンクリートと呼びます。

●フレッシュコンクリートに求められる性能

　フレッシュコンクリートに求められる性能は、主に施工性に関連するものですが、硬化後のコンクリートの強度や耐久性にも影響があります。

　フレッシュコンクリートに求められる性能としては、①運搬、打込み、締固め、表面仕上げなどの現場工程の作業性が良いこと、②施工時におけるコンクリートの分離や品質変動がないこと、③空隙のない充填性や鉄筋・埋設物との十分な付着を得るための流動性を維持すること、などがあります。これらの性能を具備し、コンクリートの適切な施工を行い、耐久性に優れたコンクリートの品質を得るために求められるフレッシュコンクリートの性質を表す用語として、次のものがあります。

・**ワーカビリティー**（workability）：材料分離を生じることなく、運搬、打込み、締固め、仕上げなどの作業が容易にできる程度を表す性質

・**コンシステンシー**（consistency）：変形または流動性に対する抵抗性の程度を示すフレッシュコンクリートの性質

・**プラスチシティー**（plasticity）：容易に型枠に詰めることができ、型枠を取り去るとゆっくり形を変えるが、くずれたり材料が分離することのないようなフレッシュコンクリートの性質

・**フィニッシャビリティー**（finishability）：コンクリートの打上がり面を要求された平滑さに仕上げようとする場合、その作業性の難易を示すフレッシュコンクリートの性質

・**ポンプ圧送性**（pumpability）：コンクリートポンプによって、フレッシュコンクリートまたはフレッシュモルタルを圧送するときの圧送の難易性。

●ワーカビリティー

　ワーカビリティーは、フレッシュコンクリートの性質を総合的に表すものです。ポンプ圧送性や充填性などが定量的に示されるのに対し、作業性の良さの程度を示すワーカビリティーは、構造物の種類や施工箇所、施工量、形状寸法、鉄筋量、施工順序、施工方法などによって異なり、一義的に決定することはできません。マッシブで大きな断面で単純な形状の場合と、鉄筋量が多く狭隘で複雑な形状の場合とでは、最適なワーカビリティーは異なることになります。このため、ワーカビリティーは定性的な尺度として表します。

　ワーカビリティーに影響を及ぼす主要な要因としては、セメント、骨材などの種類、粒形・粒度、粉末度、細骨材率、混和材料などの使用材料の種類、品質から、水セメント比（W/C）などのコンクリートの配合条件、練混ぜ時間、コンクリート温度といったものまでがあります。

　これらの各要因は、互いに相反する効果をもたらすものもあります。コンクリート中の単位水量が多くなると、流動性が増大して施工は容易になる一方で、粘性が低下して材料分離が生じやすくなります。単位セメント量が増えれば、細粒分が多いほど材料分離の抵抗性が高くなります。細骨材率を少なくしたり粒子の粗い細骨材を使用すると、コンクリートの流動性は良くなりますが、限度を超えると材料分離が発生しやすくなります。

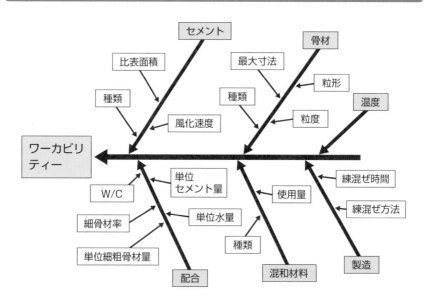

ワーカビリティーは、変形に対する抵抗性や流動に対する抵抗性と材料分離に対する抵抗性を総合的に評価して判断する必要があります。通常、コンシステンシー試験や材料分離試験の結果と共に、コンクリートの変形性状などから対象構造物の諸条件、施工方法、環境を勘案して、経験的にワーカビリティーの良好さや適用性が判断されています。

●コンシステンシー
①影響要因と試験方法

コンシステンシーに影響を与える要因には、単位水量、細骨材率、骨材の粒形、粒度、セメントの粒形、粉末度、混和材料の種類、使用量、温度、空気量などがあります。水セメント比が同じだとすれば、コンシステンシーの大きさに寄与するのは、より少ない単位水量、より小さい骨材の最大粒径、より大きな細骨材率や骨材の粗粒率です。さらにはコンクリート温度が高いほど、セメントの粉末度が高いほど、また骨材、混和剤、微粉末の形状がより角張っているほど、コンシステンシーは大きくなります。

コンシステンシーは、簡便な方法で比較的正確に測定することができます。測定方法としては、スランプ試験やフロー試験などコンクリートに一定の力を加えたときの変形量を測定する方法、リモルディング試験や振動台式コンシステンシー試験など所定の変形を生じさせるのに必要な仕事量を測定する方法、あるいはレオロジー試験、締固め係数試験などがあります。

②スランプ試験

スランプ試験は、コンクリートのコンシステンシーを測定する簡便な方法として、広く行われている方法です。

高さ30cmのスランプコーンに充塡したコンクリートは、スランプコーンを引き上げると、自立できる形状になるまで沈下しますが、そのときのコンクリート頂部の沈下量（スランプ）をもってコンシステンシーを評価する方法です。試験方法は、JIS A 1101（コンクリートのスランプ試験方法）に規定されています。

スランプ試験の方法（JIS A 1101）

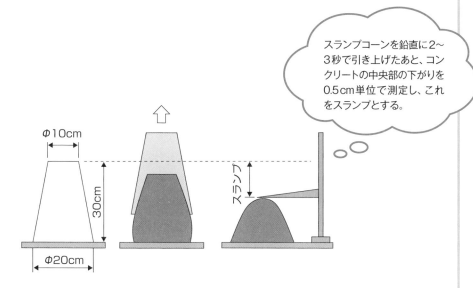

スランプコーンを鉛直に2〜3秒で引き上げたあと、コンクリートの中央部の下がりを0.5cm単位で測定し、これをスランプとする。

Φ10cm

30cm

Φ20cm

スランプ

　スランプを計測したあとに、コンクリートをタッピングしてくずれ具合を観察することで、ワーカビリティーのより的確な判断に役立つ情報が得られます。

　流動性の高い高流動コンクリートなどを対象とした試験として、コンクリートの**スランプフロー試験**（JIS A 1150）があります。この方法は、スランプコーンを引き上げたあとのコンクリートの広がりを測定して、コンシステンシーを評価するものです。スランプコーンを鉛直方向に連続して引き上げたあと、コンクリートのフローが止まったことを確認して、広がりが最大の方向の直径と、その直交方向の直径を1mm単位で計測します。スランプフローは、両直径の平均値を0.5cm単位で示したものです。

③振動台でのコンシステンシー試験

　スランプ試験は、コンクリートの自重による沈下を測定するもので、スランプが5cm未満の硬練りコンクリートの場合は、コンシステンシーの評価が難しくなります。また、バイブレーターによって振動締固めをする場合のように、外力が作用したときのコンクリートの変形性状を示すものでもありません。このため、振動台上に供試体をのせて外力を加え、生じる変形性状からコンシステンシーを評価する試験方法が用いられます。主なものとしては、VB試験（製品コンクリート用）、振動台式コンシステンシー試験（舗装コンクリート用）、VC試験（ローラーコンパクテッドダムコンクリート用）などがあります。

　VB試験は、振動台上で円筒容器内のスランプコーンを引き上げたあとでコンクリートに振動を加え、円筒容器内でコンクリートの変形が終了するまでに要する時間（秒）を測定するものです。

　振動台式コンシステンシー試験は、VB試験を舗装コンクリート用に改良したものです。振動台上の試験用コーンによって成型された容器内のコンクリートが、振動によって変形し、円盤下面の全面に広がるまでの時間を測定するもので、これを沈下度（秒）として示します。

　VC試験は、超硬練りコンクリート用の試験で、振動台の上にコンクリートを詰めたモールドをのせ、表面にモルタルがブリーディングするまでの時間をVC値として示すものです。

振動台式コンシステンシー試験装置

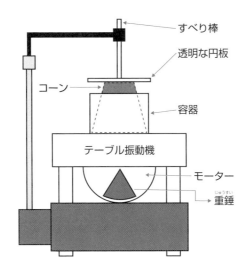

- すべり棒
- 透明な円板
- コーン
- 容器
- テーブル振動機
- モーター
- 重錘（じゅうすい）

●材料分離

　フレッシュコンクリートで注意すべきこととして**材料分離**（segregation）があります。材料分離が発生すると、豆板（ジャンカ）ができるなどで、硬化したコンクリートの均質性に影響を与えます。材料分離は、運搬、打込みの作業中だけではなく、打込み終了後も発生する可能性があります。

　コンクリートの構成材料は、セメント、細骨材などの数μmの粒径から、粗骨材の数十mmまでと幅があり、密度も1～3g/cm^{3}程度と大幅に異なる固体と水の混合体であることから、条件によっては構成材料の分布が均一ではない材料分離が起こります。

　材料分離には、骨材が局部的に集中する現象や、時間の経過に伴いコンクリート上面に水が浮き上がることで水が分離する現象があります。同じコンクリートであっても施工方法が違えば、材料分離の発生の程度は異なります。材料分離で豆板（ジャンカ）などが発生すると、強度発現性だけでなく水密性も低下させ、鉄筋の腐食によって耐久性にも影響を与えます。

　骨材の分離は、コンシステンシーの小さいコンクリートほど発生しやすくなりますが、一般には、骨材の材料分離の発生には次のような傾向があります。

・水量が多く、スランプが大きいほど分離しやすくなる
・水量が少なすぎると、モルタルの粘性不足から分離しやすくなる
・粒形の良い粗骨材を使用すると、扁平な骨材や細長い骨材を使用した場合よりも分離しにくくなる
・細骨材の場合、細粒分や細骨材率が増加すると、材料分離抵抗性が向上する
・化学混和剤や良質なフライアッシュを使用すると、コンクリート中の水量を低下させ、材料分離抵抗性が向上する

　水の分離は、コンクリートの打込み後に密度の大きいセメントや骨材が沈下し、密度の小さい水が微細な物質を伴って上昇する現象で、**ブリーディング**（bleeding）といいます。ブリーディングは通常、コンクリートの打込み後2〜4時間で終了しますが、水セメント比が大きい場合や細骨材の粒度が粗い場合、セメント粉末度が低い場合にはさらに長くなります。また、コンクリートの打設において、1回の打込み高さを高くしたり、打込み速度を速めたり、あるいは締固めや表面仕上げを過度に行うと、ブリィーディング水は多くなります。

　コンクリート内部には、ブリーディング水が上昇したあとに水みちができ、水平方向の鉄筋や粗骨材の下面にも空隙ができる可能性があり、これによって水密性が低下します。鉄筋下面の空隙は、コンクリートと鉄筋の付着面積を減少させ、付着力の低下を起こします。また、ブリーディングによって水と共に上昇したセメントの微粒分は、コンクリート表面に薄膜となって沈積する**レイタンス**（laitance）となります。コンクリートの打ち継ぎ面にレイタンスが存在すると**コールドジョイント**＊が発生し、漏水や剥離・剥落の原因となるため、打ち継ぎに先立って除去することが必要です。

　なお、ブリーディングの試験方法は、JIS A 1123（コンクリートのブリーディング試験方法）に規定されています。

＊**コールドジョイント**　時間差をもって打設したコンクリートの間の一体化していない継目。

ブリーディング発生の概念図

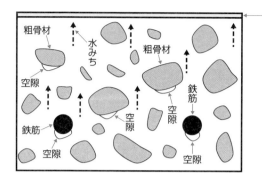

●空気量

　コンクリート中の空気量は、フレッシュコンクリートの性状に影響を与えます。コンクリート中の空気泡には、**エントラップトエア**と呼ぶ比較的大きな気泡（100μm程度以上）と、**エントレインドエア**という微細な独立気泡（数10～100μm程度）があります。

　エントラップトエアは、コンクリートの練混ぜ時にモルタルに閉じ込められた空気泡で、コンクリートの容積の2%程度以下を占めますが、コンクリートの品質改善には寄与しません。

　エントレインドエアは、化学混和剤を用いて意図的にコンクリートに連行された空気泡で、コンクリートのワーカビリティーの改善や耐凍害性向上に寄与します。エントレインドエアを1%増加させると、同じワーカビリティーを得るために、細骨材の割合を全骨材容積に対して0.5～1.0%、単位水量を約3%少なくできます。耐凍害性のためには、通常、コンクリート中に4.5±1.5%の範囲の空気量が必要とされています。なお、空気量はコンクリートの運搬や打込み後の振動締固めなどによって、15～25%程度減少します。

　空気量の試験方法には、質量方法（JIS A 1116）、容積方法（JIS A 1118）、空気室圧力方法（JIS A 1128）がありますが、普通コンクリートの場合はエアメータを用いた空気室圧力方法によります。

空気量の測定装置（空気室圧力方法）

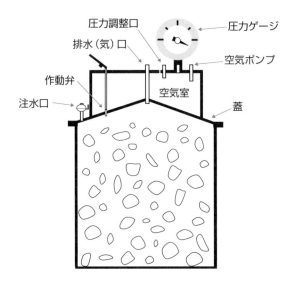

圧力調整口 ─── ┌─ 圧力ゲージ
排水（気）口 ───
作動弁 ─── 空気ポンプ
注水口 ─── 空気室
蓋

●凝結時間

フレッシュコンクリートは、運搬、打込みなどの作業期間中はプラスチックな流動性を維持した状態が続き、作業終了後は適切な速度で凝結・硬化することが求められます。このため、コンクリートの凝結の程度を定量的に把握することが必要となります。

コンクリートの凝結時間を判定する方法は、JIS A 1147（コンクリートの凝結時間試験方法）に規定されています。この方法では、採取したコンクリート試料に対する貫入針の貫入抵抗値で判断します。練混ぜ後の時間の経過に従って、先端が平らで均一な円形断面の鋼製貫入針を試料に貫入させ、その貫入に要した抵抗値が規定の抵抗値を超える時刻をもって、始発時間、終結時間と判定します。

コンクリートの凝結時間に影響を与える主な要因としては、以下のものがあります。

・同じセメント量であれば、水セメント比が小さいほど、またスランプが小さいほど、凝結は早くなる

・海砂や練混ぜ水に含まれる塩分は凝結を早め、糖類や腐植土などの有機物は凝結を遅らせる

・高温、低湿、日射、風などの気象条件は凝結を早める

●初期ひび割れ

コンクリートの打込みから1〜2時間経過して、コンクリート表面付近に鉄筋、埋設物などの固定物があると、その直上の表面にひび割れが発生する場合があります。これは、コンクリートの初期沈下収縮が、固定物の上とその周辺とでは異なることにより発生するものです。沈下しない固定物の直上から、沈下をするその周辺方向に作用する力により生じる引張力が、収縮ひび割れを起こします。

コンクリート打込み後の急激な乾燥によってコンクリート表面が収縮することで、ひび割れが発生することがあります。この初期収縮ひび割れは、コンクリートの急激な水分の蒸発が原因で、高温・乾燥の場合、強風その他の気象条件、コンクリート温度が気温より著しく高い場合などに発生します。初期収縮ひび割れは、深い割れではないものの、細かく方向性を持たない不規則な割れ模様に特徴があります。

沈下収縮によるひび割れの概念図

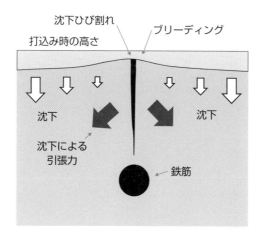

▶▶ 硬化コンクリート

●質量

硬化コンクリートは、まだ固まらない状態だったフレッシュコンクリートが、凝結・硬化過程を経て硬化したコンクリートをいいます。硬化コンクリートの単位容積質量は、骨材の密度、粗骨材の最大寸法、コンクリートの配合、乾湿の程度などによって異なりますが、普通コンクリートで2300〜2500kg/m^{3}であり、これより軽いものを軽量コンクリート、重いものを重量コンクリートと呼んで区分しています。

コンクリート構造物の設計では、普通コンクリートの場合で22.5〜23.0kN/m^3、鉄筋コンクリートの場合で24.0〜24.5kN/m^{3}の単位容積質量を用いています。

●圧縮強度

①圧縮強度と影響要因

圧縮強度は、硬化コンクリートの強度性状の1つです。硬化したコンクリートの強度性状には、圧縮強度、引張強度、曲げ強度、せん断強度などがあります。これらのうち特に圧縮強度は、その他の強度に比べて大きく、コンクリートを主要材料とするコンクリート構造物は、この大きな圧縮強度に依存して設計がなされています。通常、単にコンクリート強度といえば、圧縮強度を指します。

コンクリートの圧縮強度は、標準養生材齢28日の圧縮強度を指しますが、この圧縮強度は、単純圧縮応力下で変位の増大に従って圧縮力が増加から低下に転じる状態の破壊強度に対応しています。圧縮強度は、圧縮力の作用する軸と直交する供試体の断面積で割った値（単位：MPa、MN/m^2、kgf/cm^2）で与えられます。なお、引張、せん断など圧縮強度以外のコンクリート強度は、圧縮強度をもとにして推定することができます。コンクリート圧縮強度に影響を及ぼす要因としては、使用材料、配合条件、施工方法、材齢・養生方法などがあります。

②使用材料

セメント、水、骨材、混和剤といった使用材料のうち、セメントの種類はコンクリート強度に大きな影響を及ぼします。セメントの種類ごとに設定されている強度発現性によって、コンクリート強度は大きく変化します。

　骨材については、通常、骨材強度はコンクリート強度より十分大きいため、骨材強度がコンクリート強度を支配することにはならず、影響はあまりありません。ただし、軟らかい石（死石）を多量に含む場合や、骨材に比べて強度の高い高強度コンクリートの場合は、骨材強度が影響を及ぼす場合があります。

　骨材強度のほか、骨材の表面状態もコンクリート強度に影響を与えます。骨材の表面が粗い場合、セメントペーストとの付着力が増大することから、コンクリート強度は大きくなります。砕石は川砂利に比べて表面が粗いため、水セメント比が同じであれば、圧縮強度は10〜20％程度大きくなります。

③配合条件

　配合条件の中では水セメント比が、コンクリート強度に最も大きな影響を与えます。コンクリート強度と配合条件の関係については、いくつかの強度理論があります。

　水セメント比説では、コンクリートの圧縮強度はセメントペーストの水セメント比によって決まり、$F_C = A/B^x$で与えられます。

　ここに、

　F_C：コンクリートの圧縮強度

　A、B：施工、養生、材料で決まる実験定数

　x：水セメント比（W/C）

水セメント比説による圧縮強度

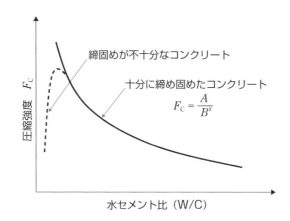

締固めが不十分なコンクリート

十分に締め固めたコンクリート

$$F_C = \frac{A}{B^x}$$

圧縮強度　F_C

水セメント比（W/C）

セメント水比説では、コンクリートの圧縮強度は、セメント水比が直線関係にあることから、$F_C=A+Bx$ で与えられます。

ここに、

F_C：コンクリートの圧縮強度

A、B：材料で決まる実験定数

x：セメント水比（C/W）

なお、コンクリート標準示方書のコンクリートの強度推定式は、このセメント水比説に基づいています。

セメント水比説による圧縮強度

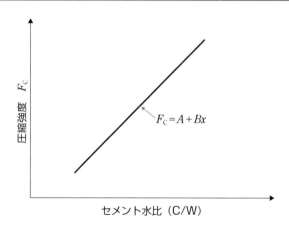

セメント空隙比説では、コンクリートの圧縮強度は、セメント空隙比によって支配されるとして、コンクリート 1 m^3 中の水と空気の容積の合計（V）に対するセメントの絶対容積（C）の比に直線比例する $F_C=A+B(C/V)$ で与えられます。

ここに、

F_C：コンクリートの圧縮強度

A、B：材料で決まる実験定数

C：セメントの絶対容積

V：コンクリート 1 m^3 中の水の容積と空気の容積との和

　コンクリートの圧縮強度に影響を及ぼすセメント以外の配合条件としては、空気量があります。空気量は、水セメント比が同じであれば、1％増加するとコンクリート強度が4〜6％減少します。しかし、空気を連行すると、スランプが大きくなり、水の量を低減することができるので、同じセメント量で水セメント比が小さくなり、結果的に空気を連行しないコンクリートと同程度の強度が得られます。

④施工方法

　コンクリートの施工方法の違いも、コンクリート強度に影響を与えます。練混ぜ時間の長さはコンクリートの均質性に影響します。短い時間で練混ぜが不十分の場合、コンクリート強度は低下し、長すぎると空気量の減少の原因になります。練混ぜに使用するミキサーの種類や性能に応じ、適切な練混ぜ時間の設定が必要となります。

　また、固まり始めたコンクリートを再度練り混ぜる練返しは、通常、材料が均一となることから強度の増加に寄与します。しかし、ワーカビリティーが低下することによって、締固めが不十分となれば強度の低下を起こす可能性もあります。

　工場で作られるコンクリート製品では、遠心力締固めなどにより、コンクリートを加圧しながら成型することができます。加圧成型によって自由水が排除され、水セメント比が小さくなることから、密度の増加と相まって強度は増加します。

⑤材齢・養生方法

　コンクリート強度は、セメントと水の水和反応によって増進します。増進の程度は材齢7日程度までは急速に進みますが、それ以後は緩慢となります。一般に材齢が長いほどコンクリート強度は高くなり、普通ポルトランドセメントでは、材齢1年の強度に対し、材齢7日で50〜60％、28日でおよそ80％程度になります。材齢1年以降における強度増進は、一般にきわめて小さくなります。

　養生方法については、通常、湿潤期間が長いほどコンクリート強度は増大します。温度については、材齢28日までは養生温度が高いほど強度も高くなりますが、長期強度は、低温で養生した方が高温の場合より高くなります。

　コンクリートの施工後の養生方法としては、湿潤状態を維持するために散水、湿布、シートを用いたり、適度な温度を維持するために断熱・被覆による保温や、工場

製品ならば蒸気・高圧による加熱養生が行われるなど、様々な方法がとられます。

　コンクリート強度に関係する、水和反応で生成されるセメントゲルの量は、養生温度と材齢の影響を受けることから、コンクリート強度は、この両者の積に比例します。これを熟成度として示したのがマチュリティー（M：maturity）値で、強度が増加しなくなる温度を-10℃、養生時間をt（日）、温度をT（℃）として、$M = \sum t(T + 10)$の関係式が示されています。コンクリート強度は、このMの対数と直線関係にあります。マチュリティーの考え方は、任意の温度条件で養生されたコンクリートの圧縮強度を推定することができるため、寒中コンクリートや製品コンクリートの強度推定に用いられています。

●試験方法
①コンクリート強度の試験方法

　圧縮強度はコンクリートが圧縮力を受けて破壊するときの強さで、コンクリートの強度を示す最も一般的な指標です。圧縮破壊時の強度を試験で求める場合、同じ品質のコンクリートであっても、試験方法によって得られる値が異なります。このためJIS A 1132（コンクリートの強度試験用供試体の作り方）では、供試体の寸法・形状、均質度など供試体の質、試験時の載荷速度、試験装置における載荷板と供試体の摩擦といった試験方法が規定されています。コンクリート試験で対象とする強度には、圧縮強度のほか、引張、曲げ、せん断、支圧、付着および疲労の各強度があります。

②圧縮強度

　コンクリートの圧縮強度（compressive strength）は、供試体の形状・寸法、試験方法などの要因によって影響を受けます。

　供試体の形状については、正方形断面の供試体の方が、その辺長に等しい直径の円柱供試体よりも圧縮強度が小さくなります。また、高さについては、同じ直径dの円形断面の供試体でも、高さhが小さいほど、圧縮強度は大きくなります。これは、試験機の加圧板と供試体との端面の摩擦係数の影響によるものです。

　供試体の寸法の大きさの影響については、寸法が大きいほど、圧縮強度は小さくなります。これは、体積が大きくなるほど潜在的な欠陥が含まれる確率が大きくなる、という寸法効果によるものです。

　なお、JISでは供試体の形状について「高さを直径の2倍とする円柱形」と規定されています。直径は粗骨材の最大寸法の3倍以上かつ100mm以上で、100mm、125mm、150mmを標準としています。

円柱体の「高さと直径の比」と圧縮強度の関係

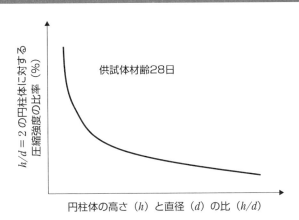

円柱体の高さ（h）と直径（d）の比（h/d）

縦軸：$h/d＝2$の円柱体に対する圧縮強度の比率（％）

供試体材齢28日

　圧縮試験をする際の試験方法も強度に影響します。供試体に荷重をかける載荷速度を変えると、圧縮強度も変わります。一般には、載荷速度が速くなるほど圧縮強度は大きくなります。JISでは載荷速度を毎秒0.6±0.4N/mm²と規定しています。

　供試体に荷重をかける面（キャッピング面）の状態も強度に影響します。載荷面に凹凸があると偏心荷重や集中荷重が作用し、圧縮強度は低下します。JISでは、載荷面の平面度は直径の0.05％以内と規定しています。

　また、試験時の供試体の乾湿状態の違いによっても圧縮強度は異なります。供試体が乾燥している場合は、湿潤の場合より圧縮強度は大きくなります。

供試体の形状と圧縮強度の関係

供試体		材齢			
形状	寸法	7日	28日	3か月	1年
円柱体	15 φ × 15 cm	0.67	1.12	1.47	1.95
	15 φ × 30 cm	0.51	1.00	1.49	1.70
	20 φ × 40 cm	0.48	0.95	1.27	1.78
立方体	15 cm	0.72	1.16	1.55	1.90
	20 cm	0.66	1.15	1.42	1.74
角柱体	15 × 30 cm	0.48	0.93	1.27	1.68
	20 × 40 cm	0.48	0.92	1.27	1.60

（円柱体、立方体、角柱体の各材齢の圧縮強度を、円柱体15 cm φ × 30 cm、28日強度を1としたときの値）
（出所：小林一輔、最新コンクリート工学 第3版、森北出版）

③引張強度

　コンクリートの**引張強度**（tensile strength）は、圧縮強度の1/10～1/13程度と小さく、通常、設計上は無視されます。しかし、コンクリート梁の斜引張応力、プレストレストコンクリート部材、床版、水槽、その他、版構造などの設計や、温度応力、収縮によるひび割れの発生では引張応力が関係することから、重要な力学的性質です。

　コンクリートの引張強度試験方法は、供試体に直接引張力を加える方法と、供試体内部に引張応力を発生させる方法があります。JISでは圧縮力を加えたときの内部の引張応力を計測する割裂引張強度試験方法が規定されています（JIS A 1113）。この方法は、円柱供試体を横にして上下から加圧板を介して圧縮荷重を加え、中心軸を通る鉛直面に引張応力を発生させ、破壊したときの破壊荷重Pから引張強度f_tを求める、というものです。

$$f_t = \frac{2P}{\pi DL}$$

ここに、

P：破壊荷重

D、L：円柱供試体の直径、高さ

この方法で得られる引張強度は、直接引張試験で求めた値よりやや大きいといわれています。なお、圧縮強度／引張強度を脆性係数と呼びますが、コンクリートの圧縮強度が大きくなるほど、脆性係数は大きくなります。

割裂引張強度試験（JIS A 1113）

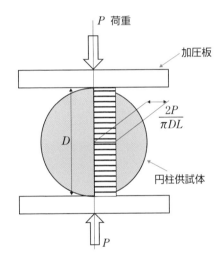

④曲げ強度

コンクリートの**曲げ強度**（flexural strength）は、舗装用コンクリートの品質管理、曲げモーメントを受ける鉄筋コンクリートやプレストレストコンクリートの梁部材の曲げひび割れ荷重の算定に用います。

曲げ強度試験方法には、中央点載荷法と3等分点載荷法がありますが、通常は3等分点載荷法が採用されます。この方法では、曲げスパンの3等分点に載荷し、破壊時の最大曲げモーメントMを断面係数Zで割って曲げ強度f_bを求めます。

　ただし、供試体を完全弾性体と仮定していますが、実際にはコンクリートは破壊荷重付近で塑性体として非線形挙動を示すので、この方法で得た曲げ強度f_bは、引張強度f_tと等しくならず、$f_b/f_t=1.6\sim2.0$程度となります。また、求めた曲げ強度は、圧縮強度の1/5〜1/8程度となります。

曲げ強度試験（3等分点載荷法、JIS A 1116）

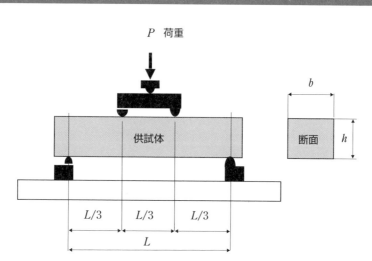

⑤せん断強度

　コンクリートのせん断破壊は、実際には引張力や圧縮力が作用し、純粋なせん断力のみによる破壊状態を再現することは容易ではありません。これまでいくつかのせん断試験方法が提案されていますが、いずれの方法によっても真のせん断強度（shear strength）を得ることは困難です。

　一般には、供試体の軸直角方向に相反する力を作用させて、破断面にせん断力が一様に分布していると仮定して求める直接2面のせん断試験によっています。この試験によれば、せん断強度f_sは、$f_s=P/A$で与えられ、その値は圧縮強度の1/4〜1/6、引張強度の2.5倍程度とされています。

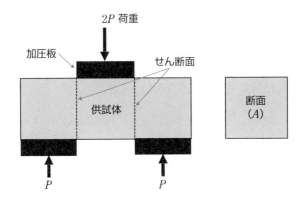

直接2面せん断試験

2P 荷重

加圧板

せん断面

供試体

断面
(A)

P   P

⑥支圧強度

支圧強度（bearing strength）とは、プレストレストコンクリートの緊張ケーブルの定着部や、橋桁の支承を支持する橋台・橋脚天端面など、局部的に集中荷重を受ける場合の圧縮強度です。

支圧強度は、通常圧縮力よりも大きな値を示しますが、圧力を受ける面積（支圧面積）と、供試体の全断面積との比によって変化します。供試体全面に支圧力を受ける場合は、支圧力は圧縮力に等しく、支圧面積が供試体面積に対して徐々に小さくなると支圧強度は大きくなり、支圧面積が供試体面積の1/20以下になるとほぼ5倍の一定値となります。

⑦付着強度

コンクリートの**付着強度**（bond strength）は、通常、鉄筋とコンクリートとの付着強度を指します。付着強度は鉄筋コンクリートのひび割れ幅や間隔などに関係します。

付着強度に影響を与える要因には、鉄筋とコンクリートの粘着力、摩擦力、鉄筋表面の凹凸による機械的な抵抗力があります。これらのうち、特に鉄筋の表面状態の影響は大きく、丸鋼の付着強度は、凹凸のある異形鉄筋に比べるとかなり小さな値を示します。

また、水平に配置した鉄筋の場合、コンクリートのブリーディングの影響で、垂直に配置した鉄筋よりも付着強度は小さくなります。コンクリート強度の影響については、圧縮強度が大きいほど付着強度は大きくなります。

付着強度の試験方法は、コンクリート中に埋め込まれた鉄筋に力を加えてその抵抗力をもって評価するもので、引抜き、押抜き、両引き、梁試験などがあります。引抜き試験では、付着強度は鉄筋表面で一様に分布すると仮定して、所定のすべりが生じたときの荷重を鉄筋表面積で割って求めます。

引抜き試験

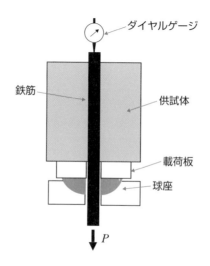

⑧疲労強度

コンクリートも他の材料と同様に、繰り返し荷重を受けると静的な荷重の場合よりも小さい強度で破壊します。この現象を疲労破壊と呼び、そのときの応力を**疲労強度**といいます。コンクリート供試体に、ある強度の荷重を破壊するまで繰り返し載荷し、その結果を示したものがS-N線図です。縦軸は繰り返し応力変動幅 (S_r)、横軸は繰り返し回数 (N) の対数目盛となっています。

　軟鋼の場合、荷重載荷がある回数に達すると、載荷をそれ以上繰り返しても、繰り返し応力比は低下しないという限界（疲労限界）がみられます。しかしコンクリートでは、明確な疲労限界は、繰り返し回数が1000万回未満の範囲ではみられません。このため、コンクリートではある繰り返し回数（200万回など）を設定し、それに対する応力を疲労強度としています。コンクリートの200万回疲労強度は種々の要因によって変化しますが、静的強度のおよそ55〜65％程度とされています。

コンクリートのS-N曲線

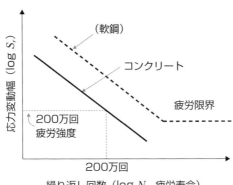

繰り返し回数（log N、疲労寿命）

●硬化コンクリートの変形性状
①変形性状とは

　硬化コンクリートは、力の作用や温度・湿度の変化など、外部からの影響によって寸法や形状が変化します。この性質が硬化コンクリートの**変形性状**です。コンクリート柱や梁に荷重が作用すれば、それによってコンクリート内部に発生する応力に伴ってひずみ、たわみ、クリープが、また温度・湿度の変化に伴って膨張や収縮などの体積変化が発生します。特に、内部の水分の散逸に関係する乾燥収縮およびクリープは、金属材料にはない硬化コンクリートの特徴的な変形性状です。

　コンクリートのこれらの変形性状は、コンクリート構造物の変形、破壊、ひび割れの発生など、構造物の安全性や耐久性に密接に関連します。

②応力−ひずみ曲線

硬化コンクリートは、鋼材と異なり完全な弾性体ではないため、応力とひずみの関係は、応力度が低い初期段階では線形関係ですが、応力度が増えるに従って曲線となります。これは、硬化コンクリート内部で発生するセメントペーストと骨材の界面の微小なひび割れに起因するものです。

速度を一定にして載荷荷重強度を徐々に増加させていくと、応力度が最大となる付近で供試体は破壊します。この経過を示す応力−ひずみ曲線は、ごく初期は直線の弾性変化を示しますが、以後、全体的に上側に凸の曲線を描きます。破壊に至る以前で、荷重載荷を止めて荷重を0まで下げても、原点に戻らずにひずみが残留します。

コンクリートの応力−ひずみ曲線

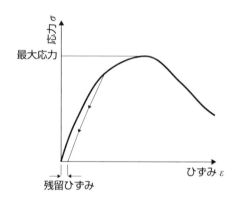

①弾性係数

静弾性係数は、静的な荷重を作用させて得られた応力とひずみの関係から求めた弾性係数です。コンクリートの応力−ひずみ曲線は、全体的に上に凸の曲線であるので、実際の弾性係数を示す接線勾配は徐々に小さくなるように変化します。

静弾性係数は、応力レベルによって初期接線弾性係数、割線弾性係数および接線弾性係数の3種類が設定されています。このうち割線弾性係数とは、静的破壊強度の1/3 の応力の点と、ひずみが50×10^{-6}となる点を結んだ直線の勾配で、通常、鉄筋コンクリートの設計において用いられています。静弾性係数の試験方法はJISで規定されています（JIS A 1149：コンクリートの静弾性係数試験方法）。

　なお、静弾性係数は、コンクリート強度・密度が大きいほど、大きくなる傾向があります。

コンクリートの静弾性係数

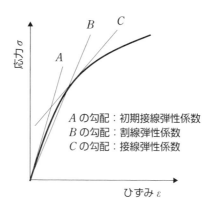

A の勾配：初期接線弾性係数
B の勾配：割線弾性係数
C の勾配：接線弾性係数

コンクリートの弾性係数（コンクリート標準示方書 設計編）

f'_{ck} [N/mm²]		18	24	30	40	50	60	70	80
Ec [kN/mm²]	普通コンクリート	22	25	28	31	33	35	37	38
	軽量骨材コンクリート	13	15	16	19	―	―	―	―

　一方、動的な荷重に対する弾性係数を**動弾性係数**といいます。動弾性係数は、振動するコンクリート供試体から一次共鳴振動数を測定し、供試体の形状・寸法、質量との関係から算出します。動弾性係数は小さな応力レベルでの弾性係数であるので、静的な荷重に対する初期弾性係数に近い値を示します。

②ポアソン比

　ポアソン比とは、供試体の軸方向に荷重を作用させた場合、同時に発生する軸直角方向のひずみと軸方向のひずみの絶対値の比として示されます。ポアソン比の逆数をポアソン数といいます。コンクリートのポアソン比は、コンクリートの種類にかかわらずおおむね0.15～0.20程度の値です。

③クリープ

コンクリートには、継続的に作用する荷重下において、時間の経過と共にひずみが増大する性質があります。この現象が**クリープ**で、クリープによって増加したひずみを**クリープひずみ**といいます。荷重を受けたコンクリートの内部でセメントゲル水が押し出されることや、セメントペーストの粘性流動を原因として起こる現象です。

コンクリートに荷重を載荷し、そのまま一定の応力で維持したあとに除荷すると、それまでの全ひずみのうち、すぐに回復するひずみ分が弾性回復です。その後、時間の経過と共に徐々に回復するひずみが回復クリープで、それ以後も残るひずみが非回復クリープ（永久変形）です。クリープの発生は、通常荷重を載荷して最初の約3か月で50%以上が進行し、1年程度で終了します。

クリープひずみは、コンクリートの材齢に対して荷重を載荷する時期が早いほど、また荷重強度が大きいほど、大きくなります。クリープひずみは、荷重強度に比例して大きくなりますが、ある限度より荷重が大きくなると、クリープひずみは時間の経過に伴って増大してコンクリートが破壊します。この現象を**クリープ破壊**といいます。クリープ破壊が起こる下限の応力をクリープ限度といい、圧縮強度の70〜90%程度です。

クリープの試験方法については、JISに規定があります（JIS A 1157：コンクリートの圧縮クリープ試験方法）。

コンクリートのクリープひずみ

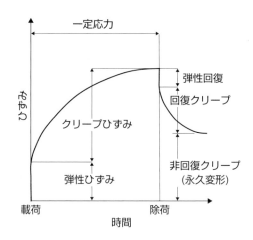

●体積変化

①乾燥収縮

　乾燥収縮（dry shrinkage）とは、硬化したモルタルやコンクリートの水分が乾燥によって失われることにより、体積が減少する現象です。乾燥収縮は、セメント硬化体の水分が失われるときに相対湿度に応じて発生するセメントゲルの、毛細管張力による塑性変形だといわれています。

　乾燥収縮による変形が拘束されると、ひび割れが発生します。鉄筋コンクリートでは、内部の鉄筋が収縮しようとするコンクリートを拘束することで、周辺のコンクリートに引張応力が発生します。引張応力がコンクリートの引張強度を上回る場合、ひび割れが発生することになります。ひび割れは防水性や耐久性に影響を与えることから、乾燥収縮は硬化コンクリートの性能を評価するためのポイントの1つとして重要です。

　乾燥収縮ひずみは、使用材料や配合条件によって異なりますが、普通コンクリートで、おおむね$400 \sim 1200 \times 10^{-6}$です。

　乾燥収縮に影響を及ぼす主な要因としては以下のものがあります。

・単位水量および単位セメント量が多いほど、乾燥収縮は大きい
・セメントペースト量が多いほど、材齢初期の乾燥収縮は大きい
・養生湿度が低いほど乾燥収縮は大きい
・鉄筋量が少ないほど乾燥収縮は大きい
・部材断面寸法が小さいほど乾燥しやすく、乾燥収縮は大きい
・骨材が硬質で弾性係数が大きい場合、乾燥収縮は小さい

　なお、骨材の乾燥収縮の状態も、コンクリートの乾燥収縮に影響を与えることが知られています。

　乾燥収縮の計測方法については、コンクリートの長さ変化の測定法として、コンパレータ方法、コンタクトゲージ方法およびダイヤルゲージ方法の3種類がJISに規定されています（JIS A 1129：モルタル及びコンクリートの長さ変化測定方法）。

第2章 コンクリート

②自己収縮

　自己収縮（autogenous shrinkage）とは、セメントの水和反応の進行によって、コンクリートが収縮する現象です。収縮は、水和反応によってできるコンクリート内部の空隙に発生する毛細管張力によるものとされています。また、自己収縮で発生した応力を自己収縮応力といいます。

　自己収縮は、通常、水セメント比（水結合材比）が小さいほど大きくなる傾向があり、普通コンクリートでは、あまり大きな値ではありませんが、高強度コンクリート、高流動コンクリートなどでは大きな値となります。

③温度変化による体積変化

　コンクリートの温度変化は、気温の変化やセメントの水和熱によって発生します。この温度変化によってコンクリートの体積変化が生じます。硬化コンクリートの熱膨張係数は、常温では$7 \sim 13 \times 10^{-6}$/℃程度、設計では通常10×10^{-6}/℃が用いられています。

　熱膨張係数は使用骨材によって異なり、石英質の場合は大きくなり、花崗岩、玄武岩、石灰岩では小さくなる傾向があります。

　セメントの水和反応によって凝結・硬化の段階で水和熱が発生します。この温度上昇は、普通コンクリートの場合で$30 \sim 40$℃程度であり、この温度変化によって、コンクリートは1mあたり$0.3 \sim 0.4$mmほどの長さ変化の膨張が発生します。温度変化によるコンクリートの膨張と収縮によって発生するひび割れが、温度ひび割れです。マスコンクリートでは、水和発熱による膨張が大きいので留意する必要があります。

　温度ひび割れは、水和熱が下がりやすいコンクリートの表面付近と内部など、硬化初期の温度勾配が大きな場合に、内部拘束による引張力で発生します。

　材齢が進んだ段階でも、気温変動などによりコンクリート温度が降下する場合、温度変化の少ない岩盤などによる拘束で、ひび割れが発生します。

●水密性

　水密性（water tightness）とは、硬化したコンクリートの、水の浸透・透過に対する抵抗性を示すものです。多孔質材料であるコンクリートは、圧力をかけると水を透過・拡散し、圧力がなくても毛細管作用で吸水をします。水密性は、ダム、タンク、海洋構造物などで重要視される性能ですが、一般のコンクリート構造物でも、耐久性を確保する点から必要な性能です。

　水密性は、コンクリートの緻密さの程度でもあり、単位セメント量が大きく、十分に締め固められたコンクリートほど、水密性は高くなります。実際の構造物では、ジャンカなどの材料分離やひび割れ、打ち継ぎ目などの施工欠陥が、水密性を低下させる原因となる場合も多くあります。

　コンクリートの水密性を評価する方法としては、供試体に一定の圧力下で一定時間に透過する水量を計測する**アウトプット法**があります。透過水量より、次式で与えられる透水係数 K_c を求めて評価指標とします。透水係数 K_c は、値が小さいほど、コンクリートの水密性が高いことを示します。

$$K_c = \frac{Q}{A} \times \frac{L}{\Delta H}$$

ここに、
K_c：透水係数（cm²/s）
Q：水の流量（cm³/s）
A：供試体断面積（cm²）
L：供試体厚さ（cm）
ΔH：流入、流出の水頭差（cm）

　コンクリートの透水係数は、一般には水セメント比の影響を受け、水セメント比が大きいほど K_c は小さくなり、コンクリートの水密性は低下します。この傾向は、水セメント比が55%を下回ると特に顕著となります。水セメント比が同じ場合、単位セメント量の多い方が K_c は小さくなります。また、締固めを十分に行うほど、湿潤養生期間が長いほど、K_c は小さくなります。硬化コンクリートでは、材齢が進むほど K_c は小さくなりますが、乾燥状態にあると K_c は増加します。

●耐久性

①コンクリートの耐久性とは

コンクリートの耐久性とは、施工以後に作用する気象的・化学的侵食、機械的摩耗あるいはその他の影響を原因とするコンクリートの性能低下に対する抵抗能力、すなわち、長期間にわたりコンクリートの性能を維持する能力のことです。

構造物に使われるコンクリートは、セメント、骨材、鉄筋など性質の異なる素材で構成される複合材料です。コンクリートは、構造物として機能する間も、長期にわたって水和反応が進行します。水和反応は、コンクリート内部の各種化学物質や、外部環境によって侵入する化学成分などの影響を受けます。

水和反応によって凝結・硬化したコンクリートは、pH12〜13の強いアルカリ性で形成される鉄筋表面の**不動態被膜**で、鉄筋の腐食防止に有効に作用しています。しかし、コンクリートは微細な空隙を有する多孔質の物質であり、周囲の大気、水、土壌などの環境によって、酸素や二酸化炭素、塩化物イオン、アルカリ金属イオン、硫酸イオンなどの各種イオン、水分などの浸透を受けます。周囲環境の影響には、中性化、塩害、化学的侵食、アルカリ骨材反応などの化学的なもの、気候の影響による凍害や構造物として受ける外力による摩耗・疲労などの物理的なものがあります。

これらの様々な影響が、コンクリート構造物が機能を継続する数十年以上の長期間にわたって複合的に作用しつづけることで、コンクリートの経年劣化・性能低下が発生することになります。

②中性化

水和作用によってコンクリート中に生じた水酸化カルシウムが、大気中の二酸化炭素と化合して炭酸カルシウムとなり、コンクリートのアルカリ性が低下する現象のことを、**中性化**あるいは**炭酸化**といいます。二酸化炭素が侵入する表面からコンクリートの内部に向かって徐々に進行します。二酸化炭素と化合して炭酸カルシウムとなる中性化の反応式は次のとおりです。

$$CaOH_2 + CO_2 \rightarrow CaOH_3 + H_2O$$

鉄筋の腐食メカニズム

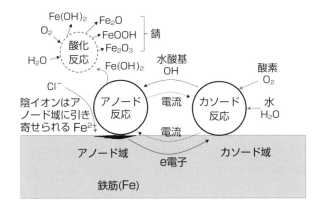

コンクリートの中性化の進展と鉄筋腐食過程の模式図

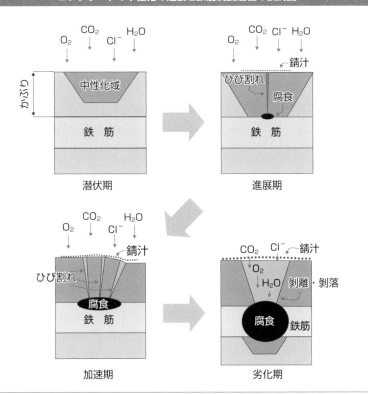

第2章　コンクリート

　コンクリート構造物の中性化の判定方法ですが、フェノールフタレイン1%アルコール溶液をコンクリート表面に噴霧すると、pH10以上の部分は赤色に発色することから、それ以外の発色しない部分が中性化部分であると判定します。

　コンクリートの中性化は、コンクリートそのものへの影響より、鉄筋の腐食環境としての影響の点から着目されます。表面から進行した中性化が、かぶりの深さを越えて鉄筋に達することで、鉄筋を覆う緻密な酸化被膜（不動態被膜）が破壊されます。これによって、浸透した水や酸素による電気化学的腐食反応で鉄筋が発錆します。鉄筋は腐食すると体積が約2.5倍に膨張することから、この膨張力によってかぶり部分が押し出されてクラック（ひび割れ）が発生し、さらにここから水が浸入することになります。

　鉄筋の腐食は、不動態被膜の破壊により鉄筋表面でミクロ的に電位が不均一となり、アノード域（陽極）とカソード域（陰極）が生じる腐食電池の電流によるもので、アノード域で発錆します。鉄筋が腐食すると体積膨張によって、コンクリートには鉄筋に沿ったひび割れが発生します。さらに腐食が進展すると、ひび割れが拡大してかぶりコンクリートの剥離・脱落が起こり、鉄筋断面の減少と共に部材耐力の低下に至ります。

コンクリートの中性化の過程と劣化状態

状態	中性化深さとかぶり厚さの関係	劣化の状態
潜伏期	中性化深さは小さく、鉄筋位置まで達していない	外観上の変状はない
進展期	一部で中性化深さが鉄筋位置まで達している	少数の錆汁がみられる。少数の腐食ひび割れが発生する
加速期	かなりの部分で中性化深さが鉄筋位置まで達している	多数の錆汁がみられる。多数の腐食ひび割れが発生する。部分的にかぶりコンクリートの浮き、剥離、剥落が発生する
劣化期	半数以上で中性化深さが鉄筋位置まで達している	多数の錆汁がみられる。多数の腐食ひび割れが発生する。ひび割れ幅が拡大する。多数のかぶりコンクリートの浮き、剥離、剥落が発生する

　コンクリートの中性化には、使用材料、配合、環境など様々な要因が影響します。中性化の速度については、次のような傾向があります。

・中性化の速度は、Ca(OH)$_2$の生成量の多い混合セメント、普通ポルトランドセメント、早強コンクリートの順に速くなる
・水セメント比が小さく、施工欠陥がない密実なコンクリートほど、中性化の速度は遅い
・軽量骨材のように多孔質な骨材ほど中性化の速度は速くなる
・二酸化炭素濃度、温度が高いほど、中性化の速度は速くなる
・湿度が低いほど、中性化の速度は速くなる
・水中構造物などコンクリートの含水率が高いほど、中性化速度は遅い
・表面塗装などの仕上げは、中性化の速度を遅らせる
・一般に中性化深さの進行は、経年（年数）の平方根に比例する

　コンクリートの中性化の試験方法として、2種類の方法がJISに規定されています。1つは、コンクリート構造物から採取したコンクリートコアの中性化深さを測定する方法（JIS A 1152：コンクリートの中性化深さの測定方法）です。もう1つは、二酸化炭素濃度を5±0.2%に高めた条件で、供試体を暴露し、中性化の抵抗性を調べる促進試験法（JIS A 1153：コンクリートの促進中性化試験方法）です。

③塩害

　塩害とは、海砂などから混入、あるいはコンクリート構造物として竣工後に表面から侵入した塩化物イオン（Cl$^-$）の作用により、コンクリート中の鉄筋が腐食して構造物に損傷を与える現象です。

　塩害では、中性化と同様に、強アルカリ性のコンクリート中の鉄筋表面の不動態被膜が、コンクリート中に侵入した塩化物イオンによって破壊され、鉄筋は腐食しやすい状態になります。

　コンクリート中の鉄筋の腐食を防止し、塩害を防ぐには、硬化コンクリート中に塩化物イオンが存在する状態を防止することが基本的な対応策です。このためには、コンクリート製造時に混入する内在塩化物イオン量の制限、海からの飛来塩化物や融雪剤・凍結防止剤の散布などによる外部からの塩化物イオンの侵入・浸透を抑制する仕上げ材の使用、コンクリートの密実性の向上、十分なかぶりの確保、ひび割れ幅の制御、といった対応策が必要です。

内部の塩化物イオンに対しては、鉄筋表面のエポキシ樹脂塗装や亜鉛めっき等で、鉄筋表面への到達を抑制する方法があります。コンクリート内部の鉄筋の電位を抑制する電気防食も、塩化物イオンの鉄筋表面への到達を抑制する方法です。防錆効果のある混和剤を使用する方法もあります。

コンクリート製造時に各種材料に含まれて取り込まれる塩化物イオンの量については、JISによって上限値が規定されています。ポルトランドセメントでは塩化物イオン（Cl^-）0.02%以下（JIS R 5210）、砂では塩化物量（NaCl）0.04%以下（JIS A 5308）、練混ぜ水では塩化物イオン（Cl^-）200ppm以下（JIS A 5208）、化学混和剤では塩化物イオン（Cl^-）0.02%以下（Ⅰ種）、0.02～0.20%（Ⅱ種）、0.20～0.60%（Ⅲ種）、と規定されています。

④アルカリシリカ反応

アルカリシリカ反応（ASR：alkali silica reaction）は、骨材の化学的耐久性の項で述べたとおり、骨材中のシリカ質の反応性鉱物と、コンクリート中の水酸化アルカリが化学反応を起こす現象です。この反応で発生した物質が吸水・膨張することによって、コンクリートにひび割れなどが発生します。

アルカリシリカ反応は、反応性鉱物を一定量以上含む骨材が要因ですが、同時にコンクリートの細孔溶液中に水酸化アルカリが一定量以上存在することや、コンクリートが湿潤状態にあることも発生の要因となります。なお、アルカリシリカ反応による膨張が発生する場合の反応性骨材の含有割合（ペシマム量）は、コンクリート中のアルカリ量、骨材の種類・粒度などによって変化します。

アルカリはセメントの原料の粘土鉱物などから供給されますが、JISでは、ポルトランドセメントのアルカリを0.75%以下と規定しています。このほかのアルカリとしては、骨材に付着した塩化物や、化学混和剤の塩化物などの材料や、硬化後に侵入する塩化物があります。

アルカリシリカ反応の抑制については、アルカリシリカ反応抑制対策の方法が規定されています（JIS A 5308：レディーミクストコンクリートの附属書B：アルカリシリカ反応抑制対策の方法）。

この規定では抑制対策として、アルカリ総量を3.0 kg/m³以下に規制する、抑制効果のある混合セメントなどを使用する、および、アルカリシリカ反応性試験によって無害と判定された骨材を使用する——の3つが示されています。

⑤凍害

コンクリートの凍害（frost damage）とは、コンクリートの細孔中に含まれる水分の凍結膨張によって、ひび割れや**ポップアウト***、表面劣化、強度低下といったコンクリートの劣化が生じる現象です。

コンクリート内部では、凍結温度以下になると大きな細孔中の水から凍結が始まり、小さな細孔中の未凍結水は凍結部分に流れて細孔内の水圧が高まります。コンクリート中の空気泡は圧力緩和の作用をしますが、飽和になると、コンクリートに引張力が作用してひび割れが発生します。凍害によるひび割れは、セメントペーストや骨材の内部、あるいは両者の界面などで発生します。約9%の体積膨張をする凍結と融解の繰り返しによって、内部のひび割れが進展し、表面に達して亀甲状の形態を呈し剥離などの劣化を起こします。凍害に影響を及ぼす要因としては、骨材の品質、コンクリートの配合、環境条件があります。

骨材の品質としては、吸水率の高い骨材は避ける必要があります。吸水率の高い骨材は、凍結時に膨張することで周囲のモルタルに圧力をかけ、ポップアウトの原因となる可能性があります。骨材の吸水率は、JISでは3〜5%以下と規定されています。

コンクリート中の空気量は、耐凍害性の向上に大きく寄与します。微細な空気泡の存在は、凍結時の移動水を吸収して内部の圧力緩和の作用をします。JISのレディーミクストコンクリートの規定では、耐凍害性の確保も目的の1つとして、空気量の標準値を4.5±1.5%と設定しています。また、水セメント比は、小さいほどコンクリート組織が緻密となり、耐凍害性は向上します。

環境条件については、劣化要因が複合すると劣化作用の影響が大きくなります。海水の飛散を受ける寒冷地の防波堤や、凍結防止剤が散布される寒冷地の橋梁のコンクリート床版などでは、塩害と凍害の複合作用により劣化が著しく促進されます。

なお、まだ硬化していないフレッシュコンクリートも凍害の影響を受けます。

＊**ポップアウト**　骨材粒子などの膨張によってできたコンクリート表面の剥離。

　フレッシュコンクリートの圧縮強度が5N/mm²未満という凝結・硬化の初期段階で温度低下を受けると、その後、時間が経過しても所定の強度増加がみられないという影響を受ける場合があります。フレッシュコンクリートは0℃以下の気温で、コンクリートの水和反応が停止し、コンクリート中の自由水が凍結します。凍結によって内部ひび割れが発生すると、材齢に従った強度の増加が得られなくなります。

　初期凍害を防ぐには、打込み時の温度を10℃以上とし、防寒剤の使用、防寒対策を講じた初期養生やAE剤の使用といった対策が必要となります。

⑥耐久性に関するその他の性質

　コンクリートの耐火性が着目されるケースとして、土木分野では、トンネル内での車両火災事故等における覆工コンクリートの損傷などがあります。コンクリートは、加熱すると強度と弾性係数が急速に低下します。減少の割合は強度よりも弾性係数が顕著で、500℃に加熱すると、強度が60%以下に下がる一方、弾性係数は20%以下にまで下がります。強度や弾性係数の減少は、温度上昇によりセメントペースト中の結合水が脱水し、水酸化カルシウムなどの水和物が分解することや、骨材とセメントの相互の付着が熱膨張係数の違いにより切れて組織がゆるむこと、あるいは骨材が変質することによります。また、高強度コンクリートあるいは含水率が高いコンクリートなのでは、急激に加熱されると、コンクリート表面が剥離する爆裂が発生することもあります。

　化学的侵食は、周辺環境の化学物質がコンクリートと化学反応を起こすことで劣化が生じる現象です。酸や油脂類などが反応してセメント水和物を可溶性物質に変化させる場合、膨張性化合物を生成する場合、あるいは、長期にわたる海水などとの接触により、セメント水和物の成分が外部に溶脱する場合などがあります。

　迷走電流が鉄筋コンクリート中を流れる場合、電流が鉄筋からコンクリートに向かって流れると鉄筋が陽極となり、鉄筋腐食が発生して、体積膨張によりコンクリートにひび割れが発生します。逆にコンクリートから鉄筋に電流が流れる場合は、鉄筋が陰極となり、鉄筋近傍のコンクリートではセメントペーストの軟化により付着強度が低下します。付着強度の低下を引き起こさない適正な電流量の範囲で、鉄筋が陰極となるように電流を流す手法が、電気防食法として鉄筋の腐食抑制のために使われています。

2-4

配合設計

配合設計の目的は、コンクリートを構成する各材料の容積割合を決めることです。必要とされる施工性を持ち、硬化後は所定の強度、耐久性などの性能が得られるように、各材料の使用量を経済的かつ合理的に設定します。

▶▶ 配合設計とは

コンクリートの配合とは、コンクリートを製造するための各材料の使用量、あるいは使用割合です。施工条件に応じたワーカビリティーを持ち、硬化後は目的に適合した強度、耐久性、ひび割れ抵抗などの性能を備えたコンクリートを経済的に得られるように、セメント、水、骨材、混和材料の使用割合を決めることが**配合設計**です。

各種材料の使用割合は、水セメント比とコンクリート強度の関係、単位水量とコンクリートの流動性・耐久性の関係、連行する空気量と流動性や耐凍害性の影響などを考慮して、当該コンクリートに対する要求性能が得られるように決めることになります。

コンクリートの要求性能としては、施工性に関する性能、構造安全性に関する性能、および使用性に関する性能があります。

施工性に関する性能とは、コンクリートの打込み時のフレッシュコンクリートに求められるもので、コンクリートの打込み、締固めなど、まだ固まらない施工段階で、所定の流動性を維持した作業のしやすさや、材料分離などがなくコンクリートの品質変化が少ないこと、養生期間には、所定の速度で凝結・硬化することなどがあります。

構造安全性に関する性能とは、構造物を構成するコンクリート部材として、設計で意図した所定の強度性能を持ち、それが構造物の供用期間を通じて環境条件や劣化外力に抗して継続されるだけの耐久性を持つことです。

使用性に関する性能としては、貯水槽やダムなどの場合の水密性、橋の軽量床版や重力式コンクリート構造における質量など、所定の構造物特性に適合した要求性能です。

コンクリートの要求性能と目標項目

要求性能		目標項目
施工性		○ワーカビリティー（流動性） ○材料分離抵抗性 ○凝結時間 ○施工上要求される強度
構造安全性	強度性能	○圧縮強度 ○弾性係数 ○気乾単位容積質量
	耐久性	○中性化、鉄筋腐食抵抗性 ○塩化物への浸透抵抗性 ○鉄筋の防錆性 ○アルカリシリカ反応の抑制性能 ○凍結融解作用への抵抗性 ○乾燥収縮、水和熱のひび割れ抵抗性 ○表面劣化に対する抵抗性
使用性		○水密性 ○断熱性 ○質量

▶▶ 配合設計

●配合設計の手順

　配合設計ではまず、対象とするコンクリート構造物の部材寸法や鉄筋量、かぶりなどから、骨材の最大寸法を設定します。次いで、構造物の種類、型枠形状、環境、施工条件からセメントの種類、スランプ、空気量を設定します。さらに、構造物の種類や設計基準強度、変動係数、気温などから配合強度を決定し、耐久性、水密性を勘案の上、水セメント比を決定します。このあと、スランプ、空気量、混和剤の種類より単位水量、混和剤量、単位セメント量、混和材量、そして骨材量を決定します。以上の配合によって試し練りを行い、条件を満足するかどうかの判定をして、必要に応じて修正を行うという手順をとります。

配合設計の手順

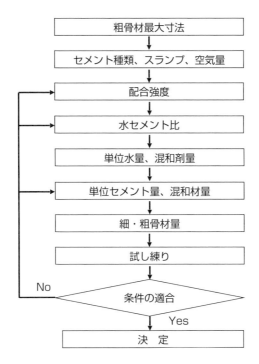

●配合強度の決定

　配合強度 (f'_{cr}) は、配合設計で目標とする圧縮強度です。コンクリートの品質のばらつきを考慮して、設計基準強度 (f'_{ck}) に割増し係数 (p) を乗じた、$f'_{cr} = f'_{ck} \times p$ で設定します。設計基準強度は通常、材齢28日の圧縮強度で示します。

　コンクリートの品質のばらつきによる圧縮強度の変動は、正規分布すると考えて、標準偏差を σ、変動係数を V とすれば、$V = (\sigma/f'_{cr}) \times 100$ となります。

　ここで、配合強度 (f'_{cr}) が設計基準強度 (f'_{ck}) を下回らない確率を、標準偏差の u 倍とすれば、$f'_{ck} = f'_{cr} - u\sigma$ となります。

　したがって、割り増し係数 (p) は、

$$p = \frac{f'_{cr}}{f'_{ck}} = \frac{1}{1 - (\frac{uV}{100})}$$

で与えられます。

　一般のコンクリートの場合、圧縮強度の試験値は強度の変動係数に応じて、設計基準強度（ f'_{ck} ）を下回る確率が5%以下となるように設定されます。正規分布の確率密度より、5%に相当するのは正規分布表から $u = 1.645$ であるので、割り増し係数は、

$$p = \frac{f'_{cr}}{f'_{ck}} = \frac{1}{1 - (\frac{1.645V}{100})}$$

となります。

　変動係数は管理状態などで変わりますが、現場ではおおよそ10〜20%程度ですので、これに対応する割り増し係数は1.1〜1.5程度になります。しかし、工事の初期において変動係数を適切に設定するのは困難であるので、大きめの初期値を設定しておき、実際の変動係数を把握しながら適宜修正を加えていく必要があります。

圧縮強度の割り増し係数と変動係数

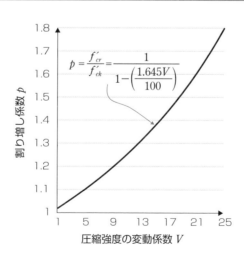

　なお、舗装コンクリート、ダムコンクリート、レディーミクストコンクリートでは、特殊な条件を設定しているため、一般のコンクリートとは異なる割り増し係数の計算式を用います。

●水セメント比の決定

　水セメント比は、水とセメントの質量比（W/C）で、コンクリート強度を支配します。また、耐久性や水密性も水セメント比と密接な関係があります。したがって、通常はそれぞれの性質に基づいて水セメント比を求め、これらのうち最も小さい値を採用します。ただし、耐久性については、構造物の種類、露出状態、断面、気象条件なども考慮する必要があります。通常、水セメント比は65%以下が基本とされますが、水密性を重視する場合は55%以下に制限されます。

●単位水量の決定

　単位水量は、混和剤の種類、粗骨材の最大寸法、スランプ、空気量などを考慮して設定しますが、極力少なくすることが原則であり、通常、単位水量の上限値は175 kg/m^{3}とされます。これを超える場合は、高性能AE減水剤を使用することが望ましいとされています。なお、単位水量の設定では、同時に化学混和剤の減水率を考慮して、混和剤量も決定します。

●単位セメント量の決定

　単位セメント量は、水セメント比と単位水量から決まります。ただし、特殊コンクリートの場合は最小値が示されており、例えば耐久性が求められる海洋コンクリートでは、環境区分や粗骨材最大寸法により280〜300 kg/m^{3}を下限として決定されます。コンクリート用混和材は、通常、単位セメント量に対する比率でセメント分を置き換えるので、単位セメント量を決めたあとに設定します。

●骨材量の決定

　骨材量は、設定したセメント量、水量、混和材料量から、空気量も考慮して、骨材の絶対容積が得られます。このうち細骨材の絶対容積は、粗骨材の最大寸法、空気量、混和剤の種類等に応じた細骨材率を骨材の絶対容積に乗じて得られます。これに細骨材の表乾密度を乗じれば、単位細骨材量が得られます。

　骨材の絶対容積から、細骨材の絶対容積を差し引けば、粗骨材の絶対容積が得られます。これに粗骨材の表乾密度を乗じれば、単位粗骨材量が得られます。

　なお、細骨材率はワーカビリティーや硬化コンクリートの性質に大きな影響を及ぼします。また粗骨材は、骨材の形状・粒度、粗骨材の最大寸法、混和材料の使用の有無等によって大きく異なります。最適細骨材率は、所要のワーカビリティーが得られる範囲内で単位水量が最小になるように、試験によって定められます。

●配合の表し方

　配合は通常、各材料の使用量を単位質量（kg/m³）で示し、骨材の最大寸法（mm）、スランプ（cm）、空気量（%）、水セメント比（%）、細骨材率（%）などを、一覧表で示します。

　セメントの単位量については、材料分離抵抗性の目安として、セメントおよび混和材の合計値である単位粉体量も併記します。混和剤の単位量は、mL/m³またはg/m³で表し、薄めたり溶かしたりしない原液の量を記載します。また、複数の混和剤を用いる場合は、種類ごとに分けて記載します。

　スランプについては、標準としての荷卸しの目標スランプを記載しますが、必要に応じて打込みの最小スランプや練上がりの目標スランプも併記します。

配合の表し方

骨材の最大寸法（mm）	スランプ（cm）	空気量（%）	水セメント比 W/C（%）	細骨材率 s/a（%）	単位量（kg/m³）					
					水 W	セメント C	混和材 F	細骨材 S	粗骨材 G 20mm〜5mm	混和剤 A
20	10	5	45	43.5	175	380	40	750	950	1

●試し練りおよび配合の修正

試し練りは、配合設計によって所定のコンクリート性能が得られることを確認するために行うものです。試し練りを行う場合の気温については、±20℃の室温の屋内で行うことを標準とします。配合設計に基づいて各材料を計量し、AE剤、減水剤を使用する場合は、その相当分を水量から差し引きます。試し練りのミキサーや練り板は、あらかじめ同一配合の捨コンで湿らせておきます。ミキサーで練り混ぜたあと、練り板上で均一にしてから、各計測を実施します。

計測結果で、スランプ、空気量などが配合設計条件を満たさない場合は、配合の修正と再試験の実施を、所定の条件を満たすまで繰り返します。

●現場配合

現場配合は、配合設計および試し練りによって得られた配合を、現場の条件に応じて修正した配合です。細・粗骨材の粒度（過大粒、過小粒）および含水率といった現場における材料の状態や、現場の計測方法などを反映させて、補正・修正を行います。

国内初の本格的コンクリート防波堤

小樽港北防波堤は、1908（明治41）年に建設された国内初のコンクリート防波堤です。構造は、投石マウンドの上にコンクリート方塊を積み重ねた混成堤です。中心となって建設を進めた広井勇は、コンクリート強度試験用の供試体の製作を着工と共に開始し、その総数は6万個以上に及んだといわれています。小樽防波堤で広井勇の実施した品質管理は、これ以後のコンクリート技術に大きな影響を与えました。

▼小樽港北防波堤

第2章 コンクリート

2-5

各種コンクリート

　コンクリート構造物は、規模や種類も様々で、施工条件、自然環境、要求される強度などが異なる多くの場面で使用されます。そのため、多様な条件に対応したコンクリートがあり、各種の条件に応じて適切に選定する必要があります。

▶▶ レディーミクストコンクリート

　レディーミクストコンクリートとは、整備されたコンクリート製造設備を持つ工場で、指定された品質で製造して施工現場に運ばれるフレッシュコンクリートです。一般に生コンクリートと呼ばれ、国内で生産されるコンクリートの約70％がレディーミクストコンクリートとして使われています。レディーミクストコンクリート工場は全国に3200ほどあり、そのうちおよそ90％の2800工場がJIS認定工場です。

レディーミクストコンクリートの種類（JIS A 5308）

コンク リートの 種類	粗骨材の 最大寸法 （mm）	スランプまた はスランプ フロー※（cm）	呼び強度（N/mm²）													
			18	21	24	27	30	33	36	40	42	45	50	55	60	曲げ 4.5
普通コン クリート	20,25	8,10,12,15,18	○	○	○	○	○	○	○	○	○	○	—	—	—	—
		21	—	○	○	○	○	○	○	○	○	○	—	—	—	—
	40	5,8,10,12,15	○	○	○	○	○	—	—	—	—	—	—	—	—	—
軽量コン クリート	15	8,10,12,15, 18,21	○	○	○	○	○	○	○	○	—	—	—	—	—	—
舗装コン クリート	20,25,40	2.5,6.5	—	—	—	—	—	—	—	—	—	—	—	—	—	○
高強度コン クリート	20,25	10,15,18	—	—	—	—	—	—	—	—	—	—	○	—	—	—
		50,60	—	—	—	—	—	—	—	—	—	—	○	○	○	—

※荷卸し地点の値であり、50cmおよび60cmはスランプフローの値である

　レディーミクストコンクリートの種類は、JISの規定によって、普通コンクリート、軽量コンクリート、舗装コンクリート、高強度コンクリートの4つに分かれており、粗骨材の最大寸法、スランプまたはスランプフロー、および呼び強度（所定の材齢における圧縮強度）の組み合わせで合計37種類があります。

　このほか、セメントの種類、骨材の種類、粗骨材の最大寸法など17の項目を、購入者と生産者が協議して指定できるようになっています。

▶▶ 流動化コンクリート

　流動化コンクリートとは、単位水量を増加することなしに、流動化剤を添加することでスランプを大きくして流動性を改善したコンクリートです。硬練りコンクリートの施工性を改善するために、1970年代の西ドイツ（当時）で高性能減水剤の開発によって流動化工法として一般化するようになったものです。流動化コンクリートの製造方法としては、コンクリートプラントから運搬したコンクリートに工事現場で流動化剤を添加する方法、コンクリートプラントで添加する方法、および、コンクリートプラントから輸送するトラックのアジテーター（かくはん装置）内のコンクリートに添加する方法があります。いずれの方法によるかは、コンクリートの配合や施工方法、条件などを考慮して選定することになります。

　流動化コンクリートは、流動化後のスランプ低下が大きいため、流動化してから打込みまでの時間を極力短くする必要があります。外気温が25℃未満では30分以内、25℃以上では20分以内が望ましいとされています。打込み後については、流動性の低下が速いため、打ち継ぎ目でのコールドジョイントの発生に注意が必要です。また、締固めが不十分であると、空洞やジャンカなどが生じやすくなるため、通常のコンクリート以上に締固めを行う必要があります。

▶▶ 膨張コンクリート

　膨張コンクリートには、収縮補償用とケミカルプレストレス導入用があります。膨張材としては、一般に生石灰や石膏を焼き固めたものが使われます。セメントと混ぜることで、エトリンガイトが生成され、コンクリートの体積を膨張させます。

　収縮補償用の膨張コンクリートは、乾燥収縮により発生するひび割れを防ぐものであり、膨張材を添加することで得られる硬化時の体積膨張で、収縮に働く力を軽減し、ひび割れを防ぎます。通常、30〜40kg/m³の膨張材が使用され、収縮に見合うだけの膨張が付与されます。施工量に対して表面積の大きな薄い面状の部材である水槽、舗装、橋の床版や壁高欄などに使われます。

　ケミカルプレストレス導入用の膨張コンクリートは、通常、40〜70kg/m³程度の膨張材を使用して膨張力を発生させることで、鉄筋あるいは構造上の拘束によるプレストレスをコンクリートに導入するものです。導入されるプレストレス量は拘束の程度で異なりますが、通常は10〜40kgf/cm³程度です。ヒューム管や矢板などのコンクリート製品、注入コンクリートで適用されます。

▶▶ 軽量骨材コンクリート

　一般のコンクリートの気乾単位容積質量が2300kg/m³以上であるのに対して、気泡の導入あるいは軽量骨材の使用によって軽量化したのが**軽量コンクリート**であり、そのうち、軽量骨材を用いた単位容積質量2100kg/m³以下のコンクリートが**軽量骨材コンクリート**です。軽量骨材コンクリートの目的は、橋梁などの土木構造物で死荷重を低減することにより、スパンの増大あるいは基礎構造の簡素化を図るものです。使用実績としても橋梁の床版、**橋脚基礎フーチング***で全体の80%程度を占めています。

　軽量骨材コンクリートの種類としては、粗骨材のすべてを軽量粗骨材とし、細骨材はすべて普通細骨材を用いる「1種」と、粗骨材のすべてに軽量粗骨材を使用し、さらに細骨材の一部またはすべてにも軽量細骨材を使用する「2種」があります。単位容積質量は、1種の場合で1600〜2100kg/m³、2種で1200〜1700kg/m³程度です。

　軽量骨材コンクリートの圧縮強度は、セメント水比に比例し、圧縮強度が50 N/mm²を超えると増加率は下がります。JIS規格（JIS A 5002）では、圧縮強度を10〜20 N/mm²、20〜30 N/mm²、30〜40 N/mm²、およびそれ以上の4つに区分していますが、60 N/mm²程度が上限です。引張強度は圧縮強度の1/9〜1/15、曲げ強度は圧縮強度の1/6〜1/10程度です。弾性係数は、同じ圧縮強度の普通コンクリートに対して50〜80%程度であり、応力–ひずみ曲線は直線に近い

＊**フーチング**　橋脚基部などで荷重を地盤に分散するために幅を広くした部分。

形状で、最大応力以降は応力降下が大きく、脆性的な破壊を示します。

　軽量コンクリートのスランプは21cm以下、空気量は5.0%を標準としており、普通コンクリートより若干大きい値です。これは、単位容積質量が小さいことで低下する充填性を補うためにスランプを若干大きい値とし、軽量骨材内部の空隙で低下する凍結融解抵抗性を補うために空気量も若干大きい値とするものです。

重量骨材コンクリート

　重量骨材コンクリートとは、一般のコンクリート用骨材より比重の大きな重量骨材を使用することで、コンクリートの単位容積質量を大きくしたコンクリートです。重量骨材の種類には、褐鉄鉱、重晶石、磁鉄鉱、鉄があります。これらの重量骨材を組み合わせて使うことで、4500〜5500kg/m³程度までのコンクリート単位容積質量が得られます。

重量骨材の種別と重量骨材コンクリートの単位容積質量

骨材の種類 細骨材	砂	褐鉄鉱	砂	砂	磁鉄鉱	重晶石	磁鉄鉱
粗骨材	砂利・砕石	褐鉄鉱	重晶石	磁鉄鉱	磁鉄鉱	重晶石	鉄
コンクリートの気乾単位容積質量(tf/m³)	2.2〜2.4	2.5〜3.5	3.0〜3.3	3.0〜3.5	3.5〜4.0	3.5〜3.8	4.5〜5.5

（土木工学ハンドブックⅠ、第5編 コンクリート、土木学会）

　重量骨材コンクリートの主要な用途としては、放射線の遮蔽用コンクリートや、外力に対してより大きな単位容積質量で安定性を確保する消波ブロック、カウンターウエイト、耐震基礎などがあります。

　重量骨材コンクリートの施工にあたっては、骨材の比重が大きいことから、練り混ぜ、運搬、打込みの各施工段階において、分離について留意が必要となります。スランプは3〜5cm程度の固練りが好ましく、水セメント比は45〜55%程度のものが多く採用されています。型枠についても、コンクリート重量や、側圧による変形・破損に対して十分堅牢なものとする必要があります。また、**スペーサー**＊はプラスチック製を避け、重量骨材コンクリートと同等以上の比重のものを使用します。

＊**スペーサー**　コンクリート打設時に鉄筋・型枠間隔を保持してかぶりを確保するもの。

▶▶ マスコンクリート

ダムや橋桁、大きな壁体など、大規模な構造物に施工するコンクリートを**マスコンクリート**と呼びます。マスコンクリートとは一般的に、質量や体積が大きく広がりのあるスラブでは厚さ80〜100cm以上、下端が拘束された壁では厚さ50cm以上のコンクリート、あるいは部材断面の最小寸法が大きくセメントの水和熱による温度上昇の影響によりひび割れが入る可能性のある部分に使用するコンクリートです。

コンクリートを打ち込む対象の部材が厚いことにより、発熱量やコンクリート表面と内部の温度差が大きく、膨張によって発生する体積変化の差によってひび割れが発生しやすくなります。打ち継ぎ目においても、等間隔の大きなひび割れが発生する可能性があります。

マスコンクリートの温度ひび割れの対策としては、材料および施工の面で留意が必要です。材料面については、セメントの種類やセメント量が水和熱の発生に大きな影響を与えます。

セメントの種類としては、中庸熱セメントや高炉B種以上の混合セメントは水和熱が比較的小さく、マスコンクリートに適しています。

セメント量については、使用セメント量10kg/m³の増減に対して、一般にコンクリート温度は±1℃の増減があることから、温度ひび割れに対しては極力セメント量を少なくすることが有効です。このためには、粗骨材の最大寸法を大きくしたり、減水剤を使用してスランプを抑えるといった方法があります。また、材料上の留意点以外では、小さなひび割れの発生が構造的に許容されるような配慮も必要です。

各種セメントの材齢ごとの水和熱（単位:cal/g）

セメント種別＼材齢	7日	28日	91日
普通ポルトランドセメント	70〜80	80〜90	90〜100
早強ポルトランドセメント	75〜85	90〜100	95〜105
中庸熱ポルトランドセメント	55〜65	70〜80	75〜85
B種高炉	55〜70	75〜85	80〜90
A種シリカ	65〜75	75〜85	80〜90
B種フライアッシュ	55〜65	70〜80	75〜85

（土木工学ハンドブックⅠ、第5編 コンクリート、土木学会）

▶▶ 寒中コンクリート

　低温になると水とセメントの反応は緩慢となり、さらに0〜-2℃でコンクリート
は凍結します。凍結すると、水和反応が遅延するだけでなく材齢に応じた強度が発
現せず、耐久性や水密性にも影響を及ぼします。このため、日平均気温が4℃以下と
なることが予想される場合は、**寒中コンクリート**として使用材料、配合、温度管理な
どについて配慮した施工が必要となります。

　寒中コンクリートのセメントには、通常、普通ポルトランドセメント、混合セメン
トB種が用いられますが、マスコンクリート以外で水和熱によるひび割れの可能性
が小さい場合は、早強ポルトランドセメントが有効です。AE剤、AE減水剤、高性能
AE減水剤を使用することで必要なワーカビリティーを確保しつつ、水セメント比を
小さくして単位水量を極力小さく抑えることも効果的です。

　コンクリートの練上がりの温度を確保するため、必要に応じて水・骨材の加熱を
行います。この場合、練上がりのバッチごとに温度差がばらつかないよう留意する
ことが必要です。通常、水の加熱には温水ボイラーや蒸気配管、電熱器を用い、骨材
の加熱には蒸気配管を用います。

　コンクリートの打込み終了時の温度は、コンクリート断面の寸法・形状にもより
ますが、通常は7〜10℃以上となるように管理する必要があります。このためには、
練り混ぜたときの温度が、気温-1℃以上のとき10〜13℃程度、気温-1〜-18℃の
とき13〜16℃程度、気温-16℃以下のとき16〜19℃程度となるように管理を行
う必要があります。

　運搬・打込みなどの作業中のコンクリート温度の低下は、経過時間1時間につき、
コンクリートの温度と外気温の差の15%程度であるとされており、打込み終了時
のコンクリート温度は、$T_2 = T_1 - 0.15(T_1 - T_0)t$となります。

　ここに、

　T_1：練り混ぜたときのコンクリート温度

　T_2：打込み終了時のコンクリート温度

　T_0：外気温

　t ：経過時間

です。

コンクリート打込み終了後は、凝結・硬化の初期の凍結を防ぐための十分な保護が大切で、特に風にさらされることを避ける必要があります。一般的には、厳しい気象作用を受けるコンクリートの養生終了時の圧縮強度が5〜12 N/mm²以上となるまでは、コンクリートの温度を5℃以上に保ち、さらにその後2日間は0℃以上に保つようにすることが必要です。養生日数は、セメントの種類、配合などで異なりますが、普通ポルトランドセメントで養生温度が5℃から10℃の場合で、目安として3〜9日程度が必要となります。

▶▶ 暑中コンクリート

暑中コンクリートは、日平均気温が25℃を超える期間に施工されるコンクリートです。気温が高くなるとコンクリートの温度も上昇し、運搬時のスランプロスなどワーカビリティーの変化が大きくなります。打込み後は凝結・硬化が速くなり、ブリージングが少なくひび割れも発生しやすくなります。打ち継ぎ目には既施工部分の凝結・硬化でコールドジョイント発生の可能性もあります。

コンクリートの温度は、荷卸し地点で35℃以下になることが標準とされており、気温が高い場合はコンクリート温度を抑えるように材料、配合および養生方法で配慮をする必要があります。

暑中コンクリートのセメントの種類としては、低熱ポルトランドセメント、中庸熱ポルトランドセメント、あるいは混合セメントを使用し、混和剤としては、遅延型の減水剤やAE減水剤を使用します。単位水量の増加に従って単位セメント量を増加すると水和熱も大きくなるため、減水剤の使用は効果があります。

配合については、高温による単位水量や単位AE剤量の増加、長期強度の伸びなどを考慮して設定することになります。

養生については、打込みを終了したコンクリートは、表面の乾燥を防ぐために、覆いをするか、あるいはコンクリート表面に水の噴霧・散水、膜養生を行います。また、初期段階でひび割れの発生が認められた場合は、再振動締固めあるいはタッピングをかけて、ひび割れを除去する必要があります。

▶▶ 水中コンクリート

　水中コンクリートとは、護岸、防波堤、橋脚基礎など水中での施工に使用するコンクリートです。水中コンクリート施工では、水の影響で材料分離や強度低下が起こりやすいため、基本的には他の工法の可能性を検討し、やむを得ない場合の選択とします。

　水中コンクリートには、混和剤として減水剤を添加した一般的な水中コンクリート、場所打ち杭や地下連続壁のための水中コンクリート、あるいは水中不分離性混和剤を使用して粘性を高め、水中での材料分離を抑えた水中コンクリートがあります。

　水中コンクリートの施工では、通常、水に直接接触することを極力避け、コンクリートポンプ工法やトレミー工法などが用いられます。

　水中コンクリートは、特にワーカビリティーやコンシステンシーが良好で、粘性が高く、気中のコンクリートより富配合とする必要があります。強度は、標準的な供試体の強度に対して0.6～0.8倍に設定し、一般の場合で単位セメント量は370kg/m^{3}以上、水セメント比は50%以下を標準とします。場所打ち杭や地下連続壁用の水中コンクリートの場合は、単位セメント量350kg/m^{3}以上、水セメント比55%以下を標準とします。

　スランプは工法によって異なり、コンクリートポンプ工法やトレミー工法の場合で13～18cm、底あき箱などを用いる場合で10～15cm、場所打ち杭、地下連続壁用の場合で18～21cmを標準とします。

　水中コンクリートの施工では、コンクリートの水中落下は避け、打込み時は流速のない静水中としますが、不可能な場合は最大で5cm/s以下の流水での実施を原則とします。コンクリートが硬化するまでの間も水の流動を防ぐ対策が必要となります。

▶▶ 水密コンクリート

水密コンクリートとは、水槽、プールなどの水理構造物や、浄化槽などの上下水道施設、あるいは地下構造物など、水圧を受ける部分に適用する水密性能が求められるコンクリートです。水密性を得るためには、ワーカビリティーの良いコンクリートにより、部分欠陥のない均質なコンクリートを施工することが重要です。

コンクリートの透水性は、単位水量を少なくし、水セメント比が小さいほど低くなります。水セメント比は通常、55%以下を標準とします。ただし、マスコンクリートとなる場合は、温度ひび割れの発生に留意して水セメント比を設定することが必要です。ひび割れは水密性を損なう原因となります。

骨材については、粗骨材の最大寸法を大きくすると水密性が低下するため、粗骨材の最大寸法は一般のコンクリートよりも小さくとり、細骨材率は大きく設定します。

ひび割れと同様に、コールドジョイントも水密性を損ないます。このため、コンクリートの施工は連続して行い、打ち重ねをできるだけ避けることが必要です。打込み後の養生は湿潤状態での養生とし、養生期間も通常より2日程度長くとるのが一般的です。

▶▶ プレパックドコンクリート

プレパックドコンクリートとは、型枠や施工箇所に特定粒度の粗骨材をあらかじめ詰めておき、あとから粗骨材間の空隙に注入管によって特殊なモルタルを注入することで施工するコンクリートです。配筋が密な場合や複雑な形状の場合に施工がしやすく、単位粗骨材容積が大きいため乾燥収縮が小さいという特徴があります。

プレパックドコンクリートの施工では、粗骨材間の空隙を完全に充填する必要があります。そのため、注入モルタルは良好な流動性を持ち、材料分離が少なく、適度な膨張性があって粗骨材との付着が良いことが大切です。空隙の充填性を良くするために、粗骨材の粒径も15mm以上とし、注入モルタルの細骨材を2.5mm以下とします。

モルタルの適度な膨張性を得るために、プレパックドコンクリート用混和材やアルミニウム粉末を使用します。

▶▶ 吹付けコンクリート

　吹付けコンクリートとは、圧縮空気によって壁面に吹き付けることで施工するコンクリートであり、型枠なしで広く薄く面状に施工するのに適しています。施工面の厚さは通常10～20cmで、極めて薄いものから30cmまでの施工が可能です。トンネル内面の覆工の補修や、急傾斜地の法面の保護などに用いられます。

　吹付けコンクリートの施工方法には、乾式と湿式があります。乾式は、水と空練りした材料を別々に圧送し、吹付けの直前に混合してノズルから噴射する方法です。圧送距離は最長で300m程度まで可能ですが、粉塵や跳ね返りが多いという欠点があります。5～8m³/h程度の施工能力があります。湿式は、あらかじめ混合されたコンクリートを圧送して吹き付ける方式で、品質の管理が乾式より容易ですが、圧送距離は配合にもよるものの100m程度までとなります。施工能力は乾式と同等の5～8m³/h程度です。粉塵や跳ね返りは乾式に比べて少ない半面、圧送中の閉塞の可能性があります。トンネル用や斜面の法面保護用では、この湿式が多く採用されています。

　配合については、粗骨材の最大寸法は10～15cmが一般的で、細骨材率は通常のコンクリートより大きく55～75%程度です。単位セメント量は350～450kg/m³程度、水セメント比は一般に乾式の場合で45～55%、湿式の場合で45～55%程度です。

▶▶ 高強度コンクリート

　高強度コンクリートとは、通常のコンクリートの設計基準強度が18～36 N/mm²であるのに対して、設計基準強度が50～100 N/mm²のコンクリートです。建築分野では、設計基準強度36 N/mm²を上回るものを高強度コンクリート、60 N/mm²以上を超高強度コンクリートとしています。コンクリートの圧縮強度は、水セメント比を小さくして、単位セメント量を多くすることで大きくなります。単位水量が少なくなることによりワーカビリティーが低下しますが、減水効果の高い化学混和剤の添加によって、高精度かつワーカビリティーも確保したコンクリートが高強度コンクリートです。

　高強度コンクリートの特徴としては、粘性が大きく材料分離に対する抵抗性は高いが、ワーカビリティーは一般のコンクリートより低く、ポンプ圧送での負荷は大きくなります。断面の大きい部材に打ち込むと、初期の高いコンクリート温度によって、長期的な強度増進が緩慢となる傾向があります。硬化セメントの組織は緻密で、中性化に対して高い抵抗性があります。

　応力-ひずみ曲線から、高強度コンクリートの力学的特性の傾向がわかります。最大応力度に達する以前の曲線は、通常のコンクリートよりも直線的です。最大応力度を示すひずみは、通常のコンクリートの場合は0.15〜0.2%であるのに対し、高強度コンクリートの場合ははるかに大きくなります。また最大応力度以後の曲線を見ると、高強度の場合は通常のコンクリートよりも下降がシャープで、脆性の傾向がより大きいことがわかります。

コンクリートの応力-ひずみ曲線（模式図）

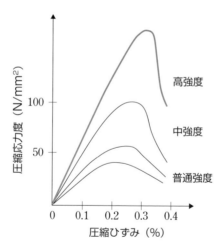

▶▶ 繊維補強コンクリート

繊維補強コンクリート (fiber reinforced concrete) は、引張強度が小さく脆いというコンクリートの性質を補うために、別の繊維性の素材を加えることで、コンクリートの引張強度や曲げ強度、靭性を増加したものです。特に、数ミリから数センチに短く切った短繊維を用いるものを短繊維補強コンクリートと呼びます。繊維性の素材としては、鋼繊維、ガラス繊維、炭素繊維、アラミド繊維、ビニロン繊維、ポリエチレン繊維などがあります。用途としては、橋梁やトンネルなどの補修での剥落防止、舗装、暗渠、法面保護コンクリートなどがあります。

▶▶ コンクリート製品

コンクリート製品とは、一般のコンクリートが施工現場で製造されるのに対し、工場において製造され、施工現場まで運搬されて組立てや据付けをされる無筋コンクリート、鉄筋コンクリート、およびプレストレストコンクリートのプレハブ製品です。輸送の荷姿が大きくなり、現場で重量物の組立て、据付けの作業がありますが、工場で製造するために、材料、配合、養生条件などの管理がしやすく、品質への信頼性が高いという特徴があります。

コンクリート製品の種類は、JISに規定があり、暗渠類、舗装境界ブロック、路面排水枡、擁壁、杭、マンホール、橋梁、貯水施設、枕木など多岐にわたります。

コンクリート製品の配合は、締固め成型機によるため、単位水量を少なくしたスランプが2～10cm程度の硬練りで、通常、水セメント比は50％以下、単位セメント量は320～500kg/m³が用いられます。

締固めは振動や圧力、遠心力をかけて行われます。平板や矢板類の場合は振動、圧力をかけて成型され、鉄筋コンクリート管では型枠を回転させる遠心力締固め、マンホール側塊ではロールによる圧力と振動によって成型をします。

コンクリート製品の養生については、型枠を早期脱型して生産効率を上げるために、促進養生として蒸気養生や、飽和水蒸気圧8～15気圧、蒸気温度175～200℃程度の条件のオートクレーブ（高温高圧蒸気）養生が行われます。

JISに規定されるコンクリート製品*の種類

大分類	製品の種類
暗きょ類	無筋コンクリート管 RC管 遠心力RC管 組合せ暗きょブロック RCボックスカルバート PCボックスカルバート アーチカルバート, 組立式アーチカルバート PC管 推進管, シールド用セグメント
舗装・境界 ブロック類	平板 境界ブロック インターロッキングブロック
路面 排水溝類	L形側溝 U形側溝 上ぶた式U形側溝 落ちふた式U形側溝 皿形側溝 排水性舗装用側溝縦断管 縦断勾配可変形側溝 浸透透水性側溝
擁壁類	積みブロック 大形積みブロック 組立土留め, 井げた組擁壁, 補強土壁 RC矢板 L形擁壁, 逆T形擁壁, 控え壁式擁壁 PC矢板 PC壁体
くい類	RCくい PCくい PC, RCくい 節くい 鋼管複合くい

大分類	製品の種類
マンホール 類	マンホール側塊 組立マンホール 電気通信用マンホール 地下埋設物用マンホール
用排水路類	矢板 フリューム 組立土留め L形水路 組立柵きょ
共同溝類	ケーブルトラフ 共同溝, 電線共同溝, 洞道
ポール類	PCポール 照明用化粧ポール
橋りょう類	道路橋用橋げた 道路橋橋げた用セグメント 道路橋用プレキャスト床版 合成床版用プレキャスト板
貯水施設類	雨水貯留施設 農業用貯水槽 防火水槽 耐震性貯水槽
防災施設類	ロックシェッド スノーシェッド スノーシェルタ
法面被覆 ブロック類	張りブロック のり枠ブロック 連節ブロック
緑化 ブロック類	植栽コンクリート ブロックマット
鉄道施設類	まくらぎ プラットフォーム用製品, 壁高欄

---

*…**製品の種類** JIS A 5361：プレキャストコンクリート製品。

2-6

コンクリートの非破壊試験

品質管理において、コンクリートの非破壊試験は重要なデータを提供します。非破壊試験は、コンクリート構造物や製品を破壊することなしに、品質、きず、埋設物の有無、位置、形状などを調査・診断するための方法です。

▶▶ 非破壊試験の種類

コンクリートの**非破壊試験**は、素材や製品を破壊することなしに、それらの品質、きず、および内部状況や、欠陥の存在位置、大きさ、形状、分布状態などを調べる試験です。既設コンクリート構造物の健全度、変状の有無や種類・程度を把握し、劣化状況などを診断するために行われます。非破壊試験によって調査を行う対象は、一般に供用下にある構造物であることが多く、損傷を極力与えずに構成部材のコンクリートの状況を調べる必要があります。このため試験方法には、振動や電磁波、衝撃などを加えて、その応答から間接的にコンクリートの状況を調べる方法、そして構造物の強度や耐久性への影響が無視できる程度の少量のサンプルを微破壊で採取して行う方法があります。

主な非破壊試験の種類として、ひび割れ、剥離、空洞に対して弾性波法や電磁波レーダー法など、圧縮強度に対しては反発度法、弾性波法などがあり、微破壊試験では小径コアによる圧縮強度試験や局部破壊試験などがあります。

主な非破壊試験方法

試験項目	主な試験方法
ひび割れ、剥離、空洞	アコースティック・エミッション（AE法） 弾性波法 電磁波レーダー法 赤外線サーモグラフィー法
圧縮強度	反発度法 弾性波法（超音波、衝撃弾性波）
圧縮強度（微破壊試験）	小径コアによる圧縮強度試験 ボス供試体による圧縮強度試験 局部破壊試験

▶▶ **各種試験方法**

●アコースティック・エミッション（AE法）

　アコースティック・エミッションとは、コンクリート内部にひび割れが発生する
ときに発する微弱な弾性波（AE波）を計測することで、ひび割れを検出する方法で
す。コンクリートの表面に、AE波を電気信号に変換する圧電素子のセンサーを設置
し、検知した信号を増幅して解析データとします。この方法は超音波による試験方
法ですが、ひび割れ自身が放出する信号を受動的に検知する点で、他の非破壊試験
方法と異なります。ひび割れの進展をリアルタイムに動的に検知できます。

●弾性波法

　弾性波法は、コンクリートの表面に設置した入力装置によって弾性波を入力させ
て材料内を伝播させ、コンクリート表面の受振子で測定することで、コンクリート
内部の欠陥の位置や寸法を推定する試験方法です。周波数の違いや弾性波の入力方
法、受信方法で種類があり、超音波法、衝撃弾性波法、打音法などがあります。

　超音波法および衝撃弾性波法は、欠陥の位置や寸法の推定以外に、コンクリート
桁や下部工躯体の強度測定でも採用されます。コンクリート中を伝わる弾性波速度
と圧縮強度に正の相関関係があることを利用するもので、あらかじめ円柱供試体に
よって弾性波速度と圧縮強度の定量的な関係を求めておき、弾性波速度と圧縮強度
の関係式（強度推定式）から推定します。

●電磁波レーダー法

　コンクリート表面から入力された電磁波は、電気的性質（比誘電率、導電率）がコ
ンクリートとは異なる鉄筋や空洞との境界面で反射されることから、これを受信す
ることで、コンクリート内部の埋設物や空洞などを検知する方法です。電磁波の入
力から受信までの時間によって、反射した物体の距離がわかります。電磁波の入力
位置をずらすことで、平面的な位置を確定することができます。コンクリートの湿
潤状態の影響を受けるため、比誘電率をキャリブレート（調整）する必要がありま
す。

●赤外線サーモグラフィー法

赤外線サーモグラフィー法は、コンクリート面から出ている赤外線放射エネルギーによって表面の温度分布を測定し、その結果から得られた熱画像上より異常部を把握して、コンクリート表面や内部の欠陥を検出する方法です。非接触で高速に広い範囲の測定をリアルタイムで実施でき、結果を可視化情報として表示できます。橋梁床版、トンネル覆工のコンクリートやその他のコンクリート部材面の仕上げ材の浮き、剥離などの調査に利用されます。

●反発度法

反発度法は、リバウンドハンマーでコンクリート表面に一定のエネルギーで衝撃力を与え、その反発力の大きさを測定することでコンクリートの圧縮強度を推定する方法です。反発度の測定方法は、JIS A 1155（コンクリートの反発度の測定方法）に規定されています。

圧縮強度の推定は、あらかじめ求めておいた、反発度と圧縮強度の相関を示す実験式によります。ただし、反発度と圧縮強度は、コンクリート表面の仕上げのばらつき、対象とするコンクリートの形状、寸法、含水状態、温度、部材の剛性、衝撃を与える方向などの影響を受けるので、推定にあたって考慮する必要があります。

●小径コアによる圧縮強度試験

通常、JISに規定されるコンクリートコアによる圧縮強度試験は、粗骨材の最大寸法の3倍以上の60〜120mmとされますが、25mm程度の小径コアを用いることで、供用中のコンクリート構造物への影響が無視でき、過密配筋箇所でも採取できるようになります。小径コアによる試験では、コアの圧縮強度から構造体コンクリートの圧縮強度を推定すると共に、中性化深さ、塩化物イオン量も測定します。コンクリート構造物の損傷範囲や損傷深さが軽微であるので、**微破壊試験**と呼ばれています。

第2章　コンクリート

147

●ボス供試体による圧縮強度試験

ボス供試体とは、コンクリート構造物本体に幅・高さ10cm、長さ20cm程度の突起を設けて、この部分を供試体とするものです。本体構造物と同じ条件で28日間養生をしたのちに割り取って圧縮試験を行うことで、本体のコンクリートの強度を把握します。

供試体を割り取ることから、コンクリート構造物本体の表面に破断面は残りますが、構造物本体を損傷することが少ないので微破壊試験とされます。

●局部破壊試験

局部破壊試験とは、コンクリートの表層の一部をはつり取って（削り取って）、コンクリートの中性化深さや鉄筋径・鉄筋腐食度などを試験する方法ですが、局部破壊時の抵抗力から圧縮強度を推定することもできます。破壊方法により、プルオフ法（引張）、プルアウト法（引抜き）、ブレークオフ法（曲げ折り）などの方法があります。

●鉄筋の試験方法

鉄筋コンクリートの試験項目には、配筋状態、かぶり厚さ、埋設物などがあり、試験方法としては、電磁波レーダー法、電磁誘導法およびX線透過撮影法などがあります。また、鉄筋の腐食も試験の項目としてあります。

電磁波レーダー法は、電磁液を使ってコンクリート内部の鉄筋の配筋状態、かぶり厚さ、鉄骨、埋設管などを調査する方法です。

電磁誘導法は、交流電流を流すことでできる磁界内に試験対象物を設置して調査を行います。適用範囲は磁界内に限られることから、コンクリート中の鉄筋位置や鉄筋径、鉄筋以外の埋設金属となります。

X線透過撮影法は、一方からX線を照射し、透過面にフィルムを設置して内部像を撮影する方法です。調査対象のコンクリートの両面に、X線透過試験装置やフィルムを設置する作業空間が必要となります。対象とする調査としては、PC桁の**シース**＊内のグラウトの充填状況や、床版の空洞の検出などがあります。

＊**シース**　PC工法においてコンクリート内部に鋼線を挿入するための金属製などのチューブ。

　鉄筋腐食状況の調査としては、通常、コンクリート表面をはつり、鉄筋を露出することで行われますが、それ以前に構造物内で鉄筋腐食の可能性がある箇所を調べるには、自然電位によって鉄筋の腐食状況を確認する自然電位法が用いられます。鉄筋が腐食していると、電子は鉄筋内を流れてイオンはコンクリート中を移動します。この腐食電流によって、腐食速度がわかります。

鉄筋の主な試験方法

試験項目	主な試験方法
配筋状態、かぶり厚さ、埋設物	電磁波レーダー法 電磁誘導法 X線透過撮影法
鉄筋腐食箇所、鉄筋腐食状況	表面はつり、目視 自然電位法

国内初の鉄筋コンクリート橋

　世界初の鉄筋コンクリート橋は、1873年にフランスで架けられた長さ15.6m、幅4.2mのアーチ橋でした。

　国内初の鉄筋コンクリート橋は、この30年後の1903（明治36）年に、京都の琵琶湖疏水山科運河に架けられた、長さ7.5m、幅1mで、レールを鉄筋としたスラブ橋桁の日ノ岡第11号橋です。すぐ横には、設計者の田辺朔郎の書による「本邦最初鉄筋混凝土橋」の石碑があります。

▼日ノ岡第11号橋

MEMO

第**3**章

鉄鋼

　鉄鋼は、構造材料として高い強度と靭性に富んだ性質を持ち、コンクリートと共に、最も多く使われる基本的な建設材料の１つです。本章では、鋼の製造方法や組織をはじめとして、構造材料としての機械的性質、耐久性、加工性や溶接性といった特性、および各種の建設用鋼材の種類、規格などについて学びます。

3-1

鉄鋼材料の意義

大きな引張強度を持つ鉄鋼材料は、優れた変形性能により大きなエネルギーを吸収する性質があります。豊富な鉄鉱石の可採埋蔵量に支えられた経済性と共に、建設材料として優れた特性を持ちます。

▶▶ 鉄鋼とは

鉄鋼とは、鉄（iron）、および鉄を主成分とする鋼（steel）、銑鉄、鋳鉄、純鉄、鋳鋼、合金鋼、合金鉄（フェロアロイ）の総称です。鉄鉱石を原料として高炉で生産されるのが、炭素を4%以上含む銑鉄で、その含有炭素を減少させたものが一般に鉄と呼ばれる材料です。炭素を限りなく脱炭したものが純鉄で、非常に粘りのある性質があります。鋼は、この鉄Feに炭素Cが0.04～2%ほど含まれるように調整した、一種の合金です。

建設材料として利用される各種鋼材は、製鉄・製鋼の工程で製造された鋼塊を圧延して生産されます。慣用的に、鉄鋼を鋼と同義の語として扱う場合もあります。

鉄鋼の製造と使用の歴史は、紀元前15世紀ごろの小アジアにおけるヒッタイトの鉄器文化までさかのぼります。しかし、鉄鋼が刀剣や工具類などの素材という位置付けを脱して、建設材料として使用されるようになるには数千年の経過が必要でした。16世紀の高炉法製鉄の発明と17世紀の石炭製鉄の成功によって、大量で安価な鉄鋼の供給が可能となると、初めて鉄鋼が建設材料として使われるようになりました。18世紀末には、初めて長尺の鉄製部材の製造が可能となり、橋や建築物の材料に鋳鉄が使われました。その後、錬鉄が普及して橋桁や鉄骨などの鉄製品が多く使われる鉄道建設時代を経て、19世紀末以降は鋼の時代となっています。

▶▶ 建設材料としての役割

20世紀以降、鉄鋼の生産量は格段に増加し、橋や鉄塔、桟橋、杭、レール、矢板などに使用が拡大して、コンクリートと共に、最も一般的な建設材料として利用されるようになりました。鋼は製鉄技術の進化と共に強度を高め、加工性や溶接性、使用性を発展させつつ、長大橋やトンネルなどの巨大インフラの建設に、鋼板、形鋼、鋼

矢板、鋼管杭、軽量圧延形鋼、H形鋼、鉄筋などの建設材料として使われてきました。

　鋼の建設材料として重要な性質は、引張強度が大きく、力をかけると破断までに大きな伸びが発生し、切断するまでのエネルギー吸収が大きい、というものです。鋼の構造材としての信頼性は、強度の高さや塑性域での挙動によっており、この特性に鋼の建設材料としての役割があります。

　一方、建設材料としての経済性は、原材料の鉄鉱石の供給に依存しています。鋼の原材料である鉄鉱石の可採埋蔵量は、他の鉱物資源と比べて圧倒的に多く、鋼の供給を支えています。ただし、産出国と製鉄国間の鉄鋼石の貿易は、石油と同様に産出国の地政学的地位が大きく関係して、価格の変動要因となっています。しかし、鉄鉱石以外のスクラップなどリサイクルの鉄資源の供給なども考慮すれば、鋼は将来的にもコンクリートと並んで主要な建設材料として利用されるものと思われます。

フォース鉄道橋（1890年建設、イギリス）

世界で最初に鋼を本格的に使用した第1世代の鋼橋。5万1000tの鋼材と650万本のリベットが使われた。

第3章　鉄鋼

3-2

製鉄

　原材料から鋼板、形鋼などの各種鉄鋼製品ができ上がるまでには、各種の工程があります。鉄鉱石、石炭、石灰などの原材料から、高炉により銑鉄を経て鋼を産出する製銑・製鋼工程、そして最終鉄鋼製品を造り出す鋳造・圧延工程があります。

▶▶ 製鉄の工程

　原材料から鉄鋼を造り出す一貫製鉄所における製鉄工程には、まず、原料となる鉄鉱石、石灰石、石炭を高炉に投入するまでの原料の管理があります。次いで、高炉で銑鉄を造り出す製銑の工程に進みます。製鋼工程では、高炉から出銑した炭素量の多い銑鉄を脱炭することで鋼を製造します。鋼塊を製品の目的に応じた形状とする圧延工程によって、鋼材や各種形鋼が生産されます。銑鉄1トンを造り出すための原材料としては、鉄鉱石1.5〜1.7トン、石灰石0.2〜0.3トン、石炭0.8〜1.0トン程度が必要です。以下、製鉄の各工程の概要を説明します。

製鉄の工程

原料ヤード	→	原料の管理
高　炉	→	製　銑
転　炉	→	製　鋼 二次精錬
連続鋳造機	→	連続鋳造　インゴット
圧延機	→	圧　延

▶▶ 原料の管理

国内では、原料の鉄鉱石および石炭は海外からの輸入によっています。このため、製鉄工場は海に面して立地しています。製鉄工程の最初に、海外からの鉄鉱石、石炭、および国内産地からの石灰石を製鉄所の原料岸壁で荷揚げし、各原料ヤードに山積みで保管します。原料を高炉に投入する前の下準備として、鉄鉱石と石灰石は焼結し、石炭はコークス炉でコークスにします。

▶▶ 製銑

焼成した鉄鉱石、石灰石、コークスをベルトコンベヤーで高炉の上部から高炉内に投入します。高炉は、大型のものでは高さが100m、内容積が5000m³ほどあります。高炉内部では、高炉壁面から送られる熱風によって酸素とコークスの炭素が反応して、高炉の上部から下部へ向かうほど高温となり、下部では2000℃以上まで上昇します。

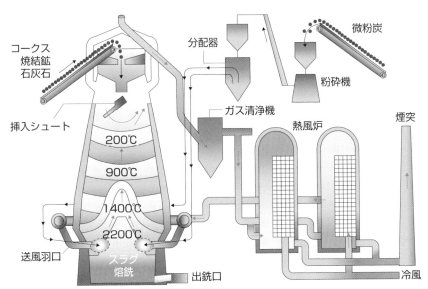

高炉の仕組み

コークス
焼結鉱
石灰石

挿入シュート

分配器

微粉炭

粉砕機

ガス清浄機

200℃

900℃

1400℃

2200℃

送風羽口

スラグ
熔銑

出銑口

熱風炉

煙突

冷風

（鉄と鉄鋼のわかる本、新日鉄住金編著、日本実業出版社）

第3章
鉄鋼

高温となった高炉内では、鉄鉱石中の酸素がコークスの炭素と結合して鉄鉱石が還元され、溶融して高炉の最下部へ集まります。この間の反応は、固体、気体、液体が共存し、およそ8時間かけて、$Fe_2O_3 \rightarrow Fe_3O_4 \rightarrow FeO \rightarrow Fe$ と変化をします。これが銑鉄 (pig iron) です。鉄鉱石の岩石成分はスラグとなりますが、比重が鉄よりも小さいために上部に浮いた状態で分離します。

高炉下部に開口部をあけると溶融した鉄とスラグが流出します。溶融した状態の銑鉄は、内部を耐火物で内張りされた混銑車 (トーピードカー) に流し入れられ、次工程である製鋼工場に輸送されます。

▶▶ 製鋼

高炉から出銑した銑鉄は、炭素を3%以上含み硬く脆いため、炭素含有量を低下させて粘りのある鋼を製造します。これが製鋼工程です。

高炉から混銑車で運搬された銑鉄は、取鍋を経て転炉に投入され、酸素が吹き込まれます。溶融した銑鉄の中の炭素がこの酸素と結合し、一酸化炭素となることで脱炭されます。

転炉は文字どおり回転できる炉で、脱炭して銑鉄から鋼へと変換された溶鋼を、炉を回転することで取鍋に移し替えます。転炉の方式には、上吹き法、底吹き法、および上底吹き法があります。**上吹き法**は上部から酸素を吹きこむ方法で、1950年代に実用化されたものです。**底吹き法**は燃料ガスと酸素を底部から吹き込む方法で、1970年以後に普及しました。**上底吹き法**は、上部から酸素を吹き込み、底部から燃料ガスや不活性ガス、炭酸ガス、酸素を吹き込む方法で、1980年代以降、現在まで主流となっている方法です。

転炉の1回あたりの製鋼の処理量は200t前後であり、これが粗鋼 (crude steel) です。

転炉

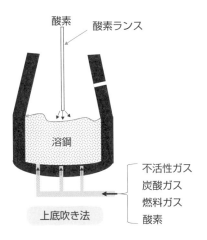

酸素
酸素ランス

溶鋼

不活性ガス
炭酸ガス
燃料ガス
酸素

上底吹き法

▶▶ 鋳造、圧延

　鋳造は、製鋼で得られた溶鋼を最終鉄鋼製品のいろいろな形状に応じた半製品に鋳固めて、インゴット（鋼片）を造る工程です。1970年ごろまでは、溶鋼を鋳型にいったん流し込んでできた鋼塊を再加熱し、分塊圧延機で成形することでインゴットを造っていました。この分塊と圧延の工程を連続させ、鋳型で造塊することなしに溶鋼からインゴットを直接造る連続鋳造という方法が20世紀後半に開発され、以後、主流となりました。

　連続鋳造では、転炉から運ばれた溶鋼を連続鋳造機の上部の取鍋に投入し、タンディッシュで溶鋼に含まれる介在物を除去しながら鋳型を通過させて成型し、側面が凝固した状態で底部より引き出していきます。

　インゴットの形状には、主に厚板や薄板に加工する板状のスラブ、継目無鋼管や棒鋼、線材などに加工する円柱または角柱形状のビレット、その他があります。

　圧延では、インゴットにローラーで圧力を加えて、最終形状を造り出します。圧延には、鋼の再結晶温度以上に熱して行う熱間圧延と、常温で行う冷間圧延があります。この圧延工程を経て、厚板、薄板、形鋼、鋼管などの各種鉄鋼製品となります。

　なお、連続鋳造が一般化する1970年代より前には、鋼材は脱酸の程度によってキルド鋼、リムド鋼、セミキルド鋼に分かれていましたが、不純物、特にリンや硫黄の混入による**偏析***を要因とする溶接加工上の欠陥がみられる場合がありました。

連続鋳造機

取鍋

タンディッシュ

鋳型

側面凝固状態で鋳型下面より引き出し

＊**偏析**　鋼など金属が凝固するときに組織が不均一となり分布に偏りが生じること。

鋼の組織

　鋼は鉄に微量の炭素を添加した合金です。鋼の組織は含有炭素量と温度に応じて結晶構造を変化させ、性質の異なる相となります。鋼は熱処理によって、結晶構造の違いから、硬さや靭性などの性質を変化させることができます。

▶▶ 純鉄の結晶構造

　水は、温度と圧力が変化すると、固体（氷）、液体、気体（蒸気）の間でその状態が変化します。これと同様に、純鉄もその結晶構造が圧力と温度で変化します。

　物質が複数の結晶構造を持つ場合、これらの構造を同質多形（同素体）といいますが、純鉄の場合、結晶構造は温度変化に応じて3つの状態に変化します。

　純鉄は常温では、α鉄（αFe）の状態にあります。α鉄は体心立方（bcc）であるので原子間の間隔が狭く、小さい炭素原子でさえ容易に収容できないため、炭素の溶解は限定的となり含有量はごく微量にとどまります。軟らかく延性に優れた特徴があり、強磁性体です。顕微鏡的にはγ鉄（γFe）と同様、多角形状の集合体で腐食されにくい組織です。**地鉄**と呼ばれることもあります。

　α鉄は、温度が910℃を超えるとγ鉄に変化します。γ鉄は910～1400℃の間で安定的な面心立方（fcc）の結晶構造となります。軟らかくて延性があるので、鍛造および圧延作業に適しています。

　さらに温度が上昇して1400℃を超えると、結晶構造はまたbccに戻ってδ鉄（δFe）になります。

　同じ固体が温度・圧力の状態によって異なる相となるのは、それぞれの状態における自由エネルギーが最小となるように作用することによります。このような結晶構造の変化を変態と呼び、変態の起こる温度を変態点といいます。

▶▶ 鋼の状態図

　鋼は鉄Feに微量の炭素Cが添加された合金で、この含有炭素量と温度に応じて、フェライト、オーステナイト、δフェライト、セメンタイトの4つの固相と1つの液相、合計5つの相に変化します。通常、鋼には炭素C以外に、ケイ素Siやマンガン Mnが含まれますが、炭素は微量でも鋼の組織が大きく変化し、その性質に与える影響が最も大きくなります。炭素量を横軸に、温度を縦軸にとって、これらの5つの相を示したのが鋼の状態図です。

鋼の状態図

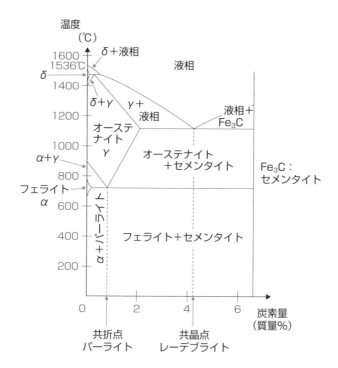

●フェライト（α相）

フェライトは体心立方格子構造（bcc）の結晶構造で、炭素を含有しないα鉄に相当する強磁性体です。α鉄が他の元素を固溶した状態がフェライトですが、炭素の固溶限は0.001%以下で、最大となる723℃でも0.025%と極めて小さな固溶量です。

●オーステナイト（γ相）

フェライトは温度が上昇していくと、面心立方格子構造（fcc）をとり、非磁性体となります。このγ鉄に炭素が固溶したものがγ相と呼ぶ**オーステナイト**です。結晶構造が異なることから、オーステナイトの炭素の溶解度はフェライトよりもはるかに大きく、最大で2%近くになります。

●δフェライト

δフェライトは、α相と同じく結晶構造は体心立方格子構造（bcc）をとり、1494℃で最大溶解量0.1%までの炭素を固溶します。

●セメンタイト

セメンタイトとは、金属と非金属の化合物で、鉄炭化物（鉄カーバイド：Fe_3C）の物質です。斜方晶の結晶構造を持ち、非常に硬く脆く、腐食しにくい性質があります。

炭素の含有量が0.8%のオーステナイトの温度をゆっくりと下げて723℃以下になると、$\gamma \rightarrow \alpha$（0.025%+C）+$Fe_3C$の分解反応が起こり、フェライトとセメンタイトの組織へ変化します。オーステナイトは723℃以上では単一のγ相ですが、変化したフェライトとセメンタイトは、共析反応で両者が交互に薄い板状に並んだ状態で析出し、パーライトという層状の組織が現れます。また、セメンタイトが含有できる最大の炭素量は6.7%で、これ以上となると炭素はグラファイトとして分離します。

パーライト（セメンタイトとフェライトの層状組織）

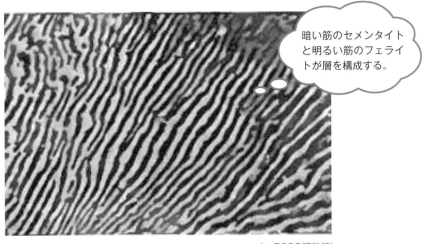

暗い筋のセメンタイトと明るい筋のフェライトが層を構成する。

（×5000顕微鏡）

▶▶ 熱処理

●熱処理とは

マルテンサイトは、オーステナイトの鋼を急冷することで得られる組織です。急冷によって面心立法格子から体心立方格子へ変化し、このオーステナイトの体心正方格子の結晶中に炭素が固溶した組織となります。セメンタイトは析出されずに、炭素が体心立方格子へ侵入した準安定状態の体心立方格子構造（bcc）です。

　オーステナイトをゆっくり冷却すると、炭素はフェライト組織から追い出されてセメンタイトが析出されますが、析出するセメンタイトの量は冷却速度と炭素量によって異なります。マルテンサイトがフェライトとセメンタイトに変化する量は、温度の保持する時間と温度勾配によります。

　このように**熱処理**とは、鋼に加熱・冷却を加えることで、形を変えることなく強さ、硬さ、粘り、耐衝撃性、耐摩耗性、耐腐食性、耐食性、被削性、冷間加工性などの鋼の性質を変化させる処理で、金属加工の一種です。

●熱処理の種類

　熱処理には、その目的に応じた処理方法の違いにより、焼入れ（quenching）、焼戻し（tempering）、焼なまし（annealing）、焼ならし（normalizing）などがあります。

①焼入れ

　焼入れ（quenching）とは、鋼の硬度を上げるために、高温状態から急冷させる熱処理です。オーステナイト組織になるまで加熱したあと、急冷してマルテンサイト組織を得る処理です。鋼を硬くすることで、耐摩耗性や引張強さ、疲労強度などの強度の向上を図ります。焼入れをすると、硬くなると同時に脆くなり、内部に残留応力が生じてひび割れが出やすいため、靱性を回復させて粘り強い材料にする目的で、通常、焼入れ後には焼戻しが行われます。

②焼戻し

　焼戻し（tempering）とは、焼入れをされて不安定な組織を持つようになった鋼を再加熱し、温度を保持することで、組織の変態または析出を進行させて安定的な組織に近付ける熱処理です。焼入れによりマルテンサイトを含み、硬化と同時に脆化して不安定化した鋼に靱性を回復させて、組織の安定化を図る熱処理です。

　80〜160℃まで加熱すると、マルテンサイトからε炭化物と呼ばれる炭化物が析出し、低炭素マルテンサイトとε炭化物で構成される焼戻しマルテンサイトと呼ばれる組織に変わります。230〜280℃まで加熱すると、組織中の残留オーステナイトが下部ベイナイトに変態し、さらに300℃以上となると、ε炭化物はいったん元の組織の母相中に溶け込み、χ炭化物と呼ばれる別の中間相炭化物の析出を経てセメンタイトを析出します。

③焼なまし

　焼なまし（annealing）とは、加工硬化によって発生した内部ひずみを除去すると共に、組織を軟化させることで鋼の展性・延性を向上させる熱処理です。いったん加熱することによって組織をオーステナイト化させ、ゆっくり冷却することで、柔らかい層状パーライト組織となります。焼なましをすることによって、切削加工がしやすくなります。鋼の硬さが不均一の場合、機械加工において欠陥の原因となります。また、加工の際に曲がりや反りが発生することもあります。焼なましは、これらの欠陥を防ぐために、鋼の組織を均一にする効果もあります。

　焼なましには、目的に応じて拡散焼なまし、完全焼なまし、球状焼なまし、等温変態焼なまし、応力除去焼なましなどの種類があります。

　完全焼なましは、723℃以上に加熱したあとゆっくり冷却することで、鋼を軟化させ、結晶粒の調整をする方法です。

　球状焼なましは、炭化物を球状化させて、焼なまし硬さをより低くし、加工性などを良くする焼なましです。

　等温変態焼なましは、組織を軟化させる調整のために、焼なまし温度に加熱したあと、パーライトが生成しやすい温度で一定に維持して等温変態させ、その後は空冷するという方法です。

　応力除去焼なましは、加工などで蓄積された内部応力を、低温で除去する場合に行われます。また、製鋼時に行われる**拡散焼なまし**は、高温で成分や不純物を均一化するために行われます。

④焼ならし

　焼ならし（normalizing）とは、オーステナイト領域の温度まで加熱したのちに冷却して、組織の結晶を均一微細化することで硬さと粘り強さを与え、切削性の向上や機械的性質の改善を行う熱処理です。鋳造、鍛造、圧延などの加工プロセスで生じた組織の不均一のある鋼材を焼ならしすると、引張強さ、降伏点、伸び、絞り、特に衝撃値などの機械的性質が向上します。

▶▶ 添加元素の影響

　鋼の中の炭素Cあるいは鉄Feとの組み合わせが変化すると、鋼の性質は著しく変化します。鋼はフェライトやセメンタイトの状態で添加元素を取り込んで固溶することができます。添加元素を固溶することによって、鋼の構造材料として重要な特性である靱性、硬さ、強度、耐食性、あるいは耐熱性、電気的・磁気的特性などを改善することが可能です。橋梁などの溶接構造用鋼材の鋼板、形鋼、あるいはPC鋼線、高力ボルト、鋼管杭、鋼矢板、H形鋼などの各種建材は、何らかの元素を合金元素として添加することで、それぞれの特性が付与されて開発されました。

　主な添加元素としては、シリコン（ケイ素）Si、マンガンMn、ニッケルNi、クロムCr、モリブデンMo、タングステンW、アルミニウムAl、銅Cu、バナジウムV、ボロンBなどがあり、さらにチタンTi、ジルコニウムZr、ニオブNb、コバルトCoなども添加されることがあります。

　それぞれの元素は、マンガンやクロムのようにフェライトに固溶することができて鋼の強度を増加するものや、モリブデン、バナジウムのようにセメンタイトに固溶して強度に影響するものなどがあります。

　なお、合金元素として添加する元素以外の硫黄SやリンPなどは、銑鉄、スクラップ、その他の諸原料などから混入する不純物です。硫黄はコークスに含まれる成分として混入し、オーステナイト粒界に偏析して粒界割れが発生する可能性があります。0.1％以下であれば強度・延性への影響は軽微ですが、熱間加工において900〜1000℃付近で、展性の低下によって割れが発生する赤熱脆性を起こすことがあります。

　鋼に含まれるリンは、鋼にとって最も含有を避けるべき元素として通常0.06％以下に抑えられています。硫黄と同様に偏析しやすく、含有量が高くなると靱性および耐衝撃性、溶接性を損ないます。静的荷重によっても伸びが減少します。

　鋼橋で使用される一般構造用圧延鋼材、溶接構造用圧延鋼材、および溶接構造用耐候性熱間圧延鋼材の化学成分では、JIS規定に基づいて、炭素C、シリコンSi、マンガンMn、リンP、硫黄S、銅Cu、クロムCr、ニッケルNiなどが、鋼の種類ごとに規定されています。

第3章
鉄鋼

添加元素の主な作用		

添加元素		主な作用
名称	記号	
アルミニウム	Al	強い脱酸、分散酸化物、窒化物の形成による結晶粒成長の抑制、窒化鋼の合金元素
クロム	Cr	腐食および酸化抵抗の増加、硬化能の増加、高温での強度の増加、高炭素で耐摩耗性向上
マンガン	Mn	硫黄Sによる脆性の防止、硬化能の増加、耐磨耗性、耐食性、靱性を付加
モリブデン	Mo	オーステナイトの粗大化温度の上昇、硬化層の深化、焼戻し脆性の防止、高温強度、クリープ強度、赤熱硬度の増進、耐食性増加、耐摩耗粒子の形成
ニッケル	Ni	焼入れしない鋼、焼なましをした鋼の強度増進、パーライト・フェライト鋼の低温靱性向上、高Cr-Fe合金をオーステナイトに変化、ステンレス鋼の高温腐食耐性向上、耐熱性増加
リン	P	低炭素鋼の強度増進、腐食抵抗の増加、快削鋼における機械加工性の改良
タングステン	W	工具用鋼の硬さ耐摩耗性粒子の形成、高温における硬さ強さ増進
バナジウム	V	オーステナイトの粗大化浸度の上昇、溶解時硬化能の増加、結晶粒の緻密化、焼戻しの抵抗、二次硬化の付与、靱性を損なわず強度増進、機械的性質、耐熱性向上
銅	Cu	耐錆性、強さの増進、耐候性の付与、耐酸性能向上

　例えば、一般構造用圧延鋼材のSS400の場合は、リンPと、硫黄Sのみがそれぞれ0.05%以下と制限されています。溶接構造用圧延鋼板のSM400、SM490、SM520、SM570では、溶接性に関わる炭素C、シリコンSi、マンガンMnの含有限度が規定されています。さらに、溶接構造用耐候性熱間圧延鋼材のSMA400、SMA490、SMA570の場合は、耐候性に関する銅Cu、クロムCr、ニッケルNiの含有範囲が規定されています。

一般構造用圧延鋼材、溶接構造用圧延鋼材および溶接構造用耐候性熱間圧延鋼材の化学成分の規定値（道路橋示方書・同解説Ⅱ鋼橋編）

鋼種	化学成分	C	Si	Mn	P	S	Cu	Cr	Ni	その他
SS400		—	—	—	0.050 以下	0.050 以下	—	—	—	—
SM400	A	0.23 以下	—	2.5 × C以上	0.035 以下	0.035 以下	—	—	—	—
SM400	B	0.20 以下	0.35 以下	0.60 ～ 1.50	0.035 以下	0.035 以下	—	—	—	—
SM400	C	0.18 以下	0.35 以下	0.60 ～ 1.50	0.035 以下	0.035 以下	—	—	—	—
SMA400 AW/BW/ CW		0.18 以下	0.15 ～ 0.65	1.25 以下	0.035 以下	0.035 以下	0.30 ～ 0.50	0.45 ～ 0.75	0.05 ～ 0.30	各鋼種とも耐候性に有効な元素のMo、Nb、Ti、Vを添加してもよい。ただし、これらの元素の総計は0.15%を超えないものとする。
SM490	A	0.20 以下	0.55 以下	1.65 以下	0.035 以下	0.035 以下	—	—	—	—
SM490	B	0.18 以下	0.55 以下	1.65 以下	0.050 以下	0.050 以下	—	—	—	—
SM490	C	0.18 以下	0.55 以下	1.65 以下	0.035 以下	0.035 以下	—	—	—	—
SM490Y A/B		0.20 以下	0.55 以下	1.65 以下	0.035 以下	0.035 以下	—	—	—	—
SMA490 AW/BW/ CW		0.18 以下	0.15 ～ 0.65	1.40 以下	0.035 以下	0.035 以下	0.30 ～ 0.50	0.45 ～ 0.75	0.05 ～ 0.30	各鋼種とも耐候性に有効な元素のMo、Nb、Ti、Vを添加してもよい。ただし、これらの元素の総計は0.15%を超えないものとする。
SM520C		0.20 以下	0.55 以下	1.65 以下	0.035 以下	0.035 以下	—	—	—	—
SM570		0.18 以下	0.55 以下	1.70 以下	0.035 以下	0.035 以下	—	—	—	—
SMA 570W		0.18 以下	0.15 ～ 0.65	1.40 以下	0.035 以下	0.035 以下	0.30 ～ 0.50	0.45 ～ 0.75	0.05 ～ 0.30	各鋼種とも耐候性に有効な元素のMo、Nb、Ti、Vを添加してもよい。ただし、これらの元素の総計は0.15%を超えないものとする。

第3章 鉄鋼

3-4

鋼の加工性と溶接性

　　鋼の加工性と溶接性は、素材そのものの特性と共に、鋼の使用目的に応じて切断、曲げなどの成形加工をする場合や、鋼材相互を冶金的に結合する溶接の施工性を示す重要な性質です。

▶▶ 加工性

●加工性とは

　　鋼の加工性とは、加工の目的に応じた成形の適合度の程度であり、加工のしやすさと共に、各種の加工の影響を受けた鋼材の品質の確保、作業のしやすさ、効率などによって決まります。

　　鋼材の加工には、材料の鋼板・形鋼などの切断、切削、孔あけ、曲げ加工などがあります。これらの各種の加工では、鋼材の特性に応じて、加工法が選択されます。

　　鋼材の切断方法としては通常、切削、せん断、あるいはガスやプラズマなどでの溶断があります。孔あけには、パンチやドリルによる方法、曲げ加工には冷間、熱間などの方法があり、それぞれの加工方法が母材に対して与える影響の種類や度合いは異なります。工法の選択においては、各工法の効率性や加工における母材への影響、加工の品質などが比較検討されることになります。

●せん断加工

　　せん断による鋼板の切断は、上下の刃によるせん断力で鋼板を断ち切る方法です。せん断による鋼板への孔あけは、パンチとダイスの間で鋼板を打ち抜く加工であり、両者の刃のせん断力により孔をあける方法です。鋼板を切断する場合、および孔を打ち抜く場合のいずれも、せん断縁は塑性加工により硬化して材質が脆化する傾向があります。このため、鋼橋の製作におけるボルト孔の加工には、通常、せん断による方法ではなくドリルによる方法が使われます。

●切削加工

　切削による加工方法としては、のこ（ソー）による切断、ドリルによる孔あけ、旋盤による切削などがあります。切削加工のしやすさは通常、工具の寿命すなわち切削抵抗によって評価されます。切削抵抗は、鋼材の引張強度や硬度に関係する変形抵抗、および伸びや絞りに関係する延性と関連付けて示されます。鋼材の硬度が低いほど、粘りが小さいほど、切削加工は容易になります。鋼材の化学成分も切削加工のしやすさに影響します。切削加工を容易にするために開発された快削鋼は、硫黄、鉛などを添加した特殊鋼の1つです。ニッケル、クロム、モリブデンの添加は、鋼材の靭性を高めることから、切削性は低下します。

●ガス切断

　ガス切断とは、切断箇所の鋼材を約1350℃まで加熱し、酸素を高速で吹き付けることで酸化鉄となって融点降下で溶融した鋼を酸素噴流で吹き飛ばす、という切断方法です。ガス切断は鋼材の炭素量の影響を受け、0.25％以下ではガス切断の加工性は良好ですが、炭素量が多くなると困難となり、0.5％以上では予熱が必要であり、鋳鉄のように炭素量が2％を超える場合は、通常の方法ではガス切断は適用できません。添加元素の影響もあり、シリコン、ニッケル、クロム、モリブデン、タングステンなどが添加された合金鋼では、ガス切断の加工性は不良です。ステンレス鋼はニッケル、クロムが添加されており、ガス切断の加工性は良くありません。

ガス切断

加熱された箇所は酸素と結合して融点降下し、酸素噴流で吹き飛ばされる。

●熱間加工

　鋼は、温度を上げると変形抵抗が減少して延性が増すことにより、割れを起こさずに変形できる変形最大量が増加します。また再結晶により、急速に加工前の状態に回復するので、高い変形速度で加工できます。

　この特性を生かして、熱間により圧延、鍛造、穿孔、押出しなどの曲げ加工、絞り加工、平坦度の矯正などが行われます。熱間加工の加工性は、鋼の材質および加熱条件、加工法などの影響を受けることから、高温における青熱脆性、赤熱脆性などの脆化への留意が必要となります。

　青熱脆性とは、鋼を熱すると200〜300℃付近で、引張強さなどの増加と伸び、絞りが低下して脆くなる現象です。炭素Cによるひずみ時効が脆化の原因とされています。ひずみ速度が大きくなるほど青熱脆性の起こる温度が高くなります。青熱脆性が起きた場合、延性が著しく低下するので、熱間プレス加工などの場合は、脆化を避ける加工温度および加工速度を選定する必要があります。

　熱間加工で、鍛造、圧延、プレスをする場合、950℃付近の赤熱温度域で亀裂を生じる現象が**赤熱脆性**、さらに1100℃付近で生じる亀裂の発生が**白熱脆性**（高温脆性）です。

　赤熱脆性は硫黄と酸素が原因であり、白熱脆性では硫黄の含有により脆い硫化鉄の結晶粒界への介在で亀裂が生じます。赤熱脆性に対しては、マンガン含有率を上げることで、脆くて溶融点の低い硫化鉄を、粘りのある溶融点の高い硫化マンガンに変え、鍛練性を向上させることができます。このため、マンガンと硫黄の比（Mn/S）が赤熱脆性防止の目安とされ、発生防止のためには通常、Mn/Sを3.0〜5.0以上にすべきだとされています。そのほかに影響のある添加元素としては、銅Cu、錫Snがあります。銅は0.5%で亀裂発生の可能性があり、対応としては、マンガン、クロム、ニッケルが添加されます。

　焼戻しマルテンサイトと焼戻しベイナイトの混合組織の調質高張力鋼は、加熱することで機械的性質が変化しますが、650℃を超えると伸びが増加するのに対して、引張強さ、降伏点、シャルピー吸収エネルギーが低下するという変化をします。焼戻し温度以上に保持されると、所要の性能が失われるため、通常は熱間加工を避ける必要があります。これは熱加工制御鋼（TMCP）も同様です。

調質鋼の加熱による機械的性質の変化

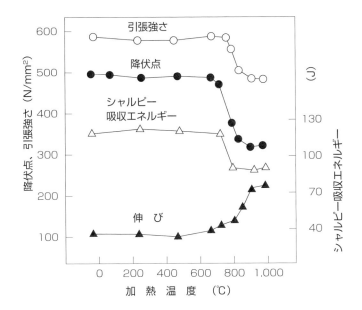

●冷間加工

　冷間加工は、曲げ、引抜き、絞りなど、鋼材の塑性変形能を利用して常温で加工する方法です。鋼は冷間加工をすると結晶が転移の移動ですべりの方向性ができ、それに伴って鋼の特性が変化します。冷間加工によって引張強さは上昇し、伸びは減少、硬さは増す加工硬化が起こり、靭性が低下する傾向があります。このため亀裂が発生する可能性もあり、適切な鋼材の選定と共に、局部的に大きなひずみを与えないようにする必要があります。

　道路橋示方書Ⅱ鋼橋編では、冷間による曲げ加工をする場合は、加工によって材料に切欠きとなるようなキズを与えないこと、折曲げ部のエッジは板厚の10％以上の面取りをすること、曲げ加工を行う鋼板の外側には加工前にポンチを打たないこと、と規定されています。

　なお、冷間加工では、加工後に**ひずみ時効**という、鋼の硬さ、伸び、靭性値などの性質が時間と共に変化をする現象が起こる可能性があります。

通常、鋼に引張応力を作用させた場合の応力とひずみの関係では、弾性限界を超えると塑性変形が始まり、その後しばらくは、ほぼ応力変化をしないで伸びが生じることがあります。この伸びが降伏点伸びで、一度弾性限界を超えた鋼の作用荷重を除いたあと、すぐに変形を与えても降伏点は現れません。しかし、除荷したあとに、長時間室温に放置するか、やや高い温度で荷重を加えると、再び降伏点を生じます。これがひずみ時効です。

塑性ひずみ後の降伏点の消滅（左）と低温時効による降伏点の回復

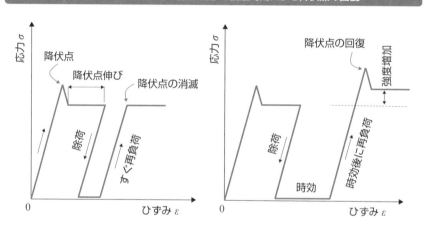

ひずみ時効後は鋼の強度が増加し、延性・靭性は減少します。道路橋示方書Ⅱ鋼橋編では、冷間加工によるシャルピー衝撃値の低下など靭性の低下を考慮し、鋼板の曲げ加工を行う場合、約3%の冷間ひずみに相当する「内側半径が板厚の15倍以上」という曲げ加工の曲率を規定しています。

ひずみ時効は、降伏に伴うすべりにより転位が増加したところに窒素や酸素が集まって転位の移動を妨げることによって発生する、といわれています。その要因としては、時効温度、時間、不純物原子（溶質原子）の量、転位密度などがあり、ひずみ時効の程度は、温度が高いほど、時間が長いほど大きくなります。

▶▶ 溶接性

●溶接性とは

鋼構造物の建設技術で重要なものの1つが、溶接継手の工法です。この溶接の品質の確保のしやすさ、施工のしやすさなどの適合性の程度を示すのが溶接性です。品質の確保とは、溶接施工時の欠陥の発生のしにくさであり、割れや気孔など溶接欠陥に対する感受性や、溶接金属の形状・外観などが評価の要素となります。また、鋼の溶接部の冶金的性質である低温割れ性と密接な関係のある材料の硬化性も、溶接の品質確保のための評価要素となります。

溶接部の組織、および残留応力の状況は、靱性、延性、耐食性、耐疲労特性、耐応力腐食割れ性など、溶接部の品質に関わる特性を支配します。このため、溶接部の鋼の諸特性を評価する各種の溶接性試験が実施されます。

●熱影響部（HAZ）

鋼に溶接をすると溶接金属が形成され、その過程で溶接熱によって鋼材は製造時に調整された組織が冶金的な変化を受けて材質特性も変化します。この熱影響部（HAZ*）の硬化の状況は、溶接の品質に大きく関わります。

熱影響部（HAZ）の硬化分布の模式図

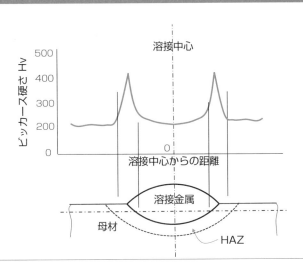

* **HAZ** Heat Affected Zone の略。

右欄外：第3章　鉄鋼

　溶接部の硬さは、溶接によって入熱された温度からの冷却速度、および母材の材質によって決まります。冷却速度は、最高過熱温度、予熱温度、溶接入熱量、母材板厚、溶接姿勢、継手(**開先**^{かいさき}*)形状、シールド方法といった溶接条件などによって影響されますが、一般には、次式で与えられる**溶接ビード***の単位長さあたりの入熱量が、指標として使われます。

$$溶接入熱量 (J/cm) = \frac{溶接電流 (A) \times 溶接電圧 (V) \times 60}{溶接速度 (cm/min)}$$

　溶接速度が速いと溶接入熱量は小さくなって鋼は焼入れ現象で硬化し、溶接速度が遅いと溶接入熱量は大きくなって鋼は焼なまし現象で軟化する、という傾向があります。

　非調質鋼を溶接する場合、HAZはある程度硬化が起こりますが軟化は大きくはありません。しかし、調質鋼の場合は焼入れ、焼戻しの熱処理が行われており、入熱量が大きくなると、軟化の程度も大きくなります。

　溶接によってHAZの硬化が大きい場合、硬化した部分の延性は低下し、溶接割れが発生する可能性があります。軟化が大きい場合は、継手強度の低下と共に、疲労強度が低下し、溶接線(ボンド)の脆化が起こる可能性があります。

●炭素当量

　構造用鋼材の硬化度の評価をする方法としては、鋼に含まれる化学成分から炭素当量 C_{eq}(Carbon Equivalent)を求める方法があります。各元素の効果をそれぞれ等価なC量に換算した合計値をもって最高硬さを推定するものです。わが国ではJISで規定される次の式が一般に用いられています(JIS G 3106:溶接構造用圧延鋼材)。

$$C_{eq} = C + \frac{Mn}{6} + \frac{Si}{24} + \frac{Ni}{40} + \frac{Cr}{5} + \frac{Mo}{4} + \frac{V}{14} \ (\%)$$

＊**開先**　　　　必要な溶接溶け込みを得るために継手に加工される溝。
＊**溶接ビード**　溶接継手に母材と溶けてできる盛り上がり。

炭素当量が大きくなると、熱影響部の硬化が大きくなり，その結果として低温割れが発生する可能性があります。高張力鋼の熱影響の最高硬さ（ビッカース硬さ、Hv）は、炭素当量 C_{eq} 0.5 付近までは直線的な増加の傾向を示します。溶接構造用高張力鋼においては、この炭素当量の上限値を規定する場合や、軟化を防ぐために下限値を規定する場合もあります。

熱影響部最高硬さと炭素当量の関係（板厚20 mmの高張力鋼）（日本溶接協会）

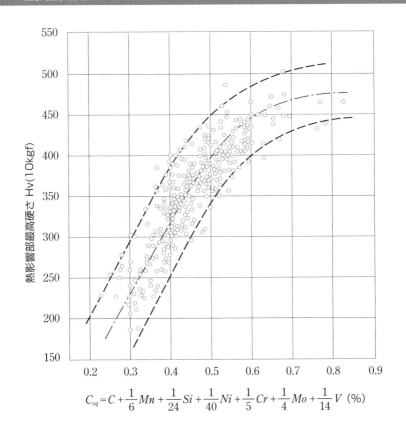

$$C_{eq} = C + \frac{1}{6}Mn + \frac{1}{24}Si + \frac{1}{40}Ni + \frac{1}{5}Cr + \frac{1}{4}Mo + \frac{1}{14}V \ (\%)$$

●割れ感受性

溶接割れを発生時期、温度で分類する方法では、200〜300℃以下の温度域で発生する溶接割れを低温割れ、溶接中および冷却中の高温度域で発生する割れを高温割れと呼んで区別します。また、溶接後の熱処理段階や高温での使用中に発生する割れを**SR割れ**(**再熱割れ**)と呼びます。

低温割れの可能性を予測するために、次式で示される溶接割れ感受性指数 P_w が用いられます。

$$P_w = P_{CM} + \frac{H}{60} + \frac{K}{40000} \ (\%)$$

ここに、P_{CM} は、母材の溶接割れ感受性指数で、含有元素によって次のように与えられます。

$$P_{CM} = C + \frac{Si}{30} + \frac{Mn}{20} + \frac{Cu}{20} + \frac{Ni}{60} + \frac{Cr}{20} + \frac{Mo}{15} + \frac{V}{10} + 5B \ (\%)$$

また、H は鋼に含まれる拡散性水素量(cc/100g)、K は継手の拘束度(kgf/mm・mm)で、溶接継手の開先を弾性的に1mm短縮するのに要する単位溶接長あたりの力の大きさです。

通常、炭素当量 C_{eq} の高いものは、溶接割れ感受性 P_{CM} 値も高くなります。

溶接割れ感受性を評価するための試験方法は各種ありますが、JISでは**y形溶接割れ試験**が規定されています。このy形溶接割れ試験は、開先溶接の中で最も応力が集中する初層溶接を想定した開先形状の試験板を溶接し、拡散性水素が拡散する48時間以上が経過したのちに、割れの有無、部位、長さ、形状、大きさといった割れ状況の検査をします。この結果をもとに、表面割れ率、ルート割れ率、断面割れ率を求めて感受性を評価します。

y形溶接割れ試験板の形状・寸法（JIS Z 3158）

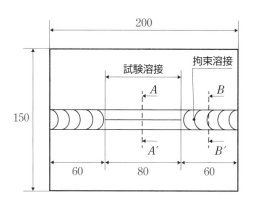
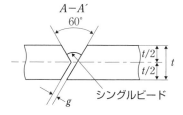
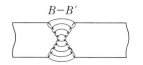

　y形溶接割れ試験では、割れの発生は、300℃における冷却速度との関連性が高いことがわかっています。冷却速度が低いときには割れ率は0ですが、冷却速度が高くなると割れ率は急増する傾向があります。この関連性から、溶接部の冷却速度を遅くし、拡散性水素の集積量を減少させることで割れを防止できる予熱温度を求め、施工時の予熱条件の目安としています。

　高温割れの原因は、強度も延性も低い凝固直後の段階で作用した拘束による凝固収縮応力で、結晶粒界に低融点の化合物が多い場合に割れやすいといわれています。溶接入熱、開先形状、継手の剛性（拘束度）などの影響を受けます。含有成分では、炭素C、リンP、硫黄Sなどが特に有害です。

　低合金高張力鋼の高温割れ発生の目安としては、次式で得られる（HCS）が4以上とされています。

$$(HCS) = \frac{C\left(S + P + \frac{Si}{25} + \frac{Ni}{100}\right)}{3Mn + Cr + Mo + V} \times 10^3$$

高温割れ感受性を評価する試験方法として、JISでは**C形ジグ拘束突合せ溶接割れ試験方法**（JIS Z 3155）が規定されています。この試験方法は、試験板を拘束した状態で溶接を行って、割れの有無を調べるものです。

バレストレイン試験（Varestraint Test：**可変拘束試験**）も、試験板に力を加えた拘束条件下での高温割れ感受性を評価する試験方法です。この試験方法では、溶接中の試験板に曲げ変形を加えて強制的に高温割れを発生させ、凝固割れ、再加熱による液化割れの試験をします。曲げ半径（ひずみ量）を変化させ、試験片の割れ温度域を測定して、発生した溶接割れの数、大きさなどの関係から、高温割れ感受性の評価をします。

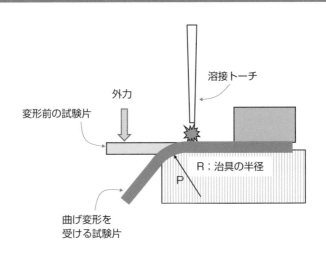

バレストレイン試験の方法

溶接トーチ

外力

変形前の試験片

R；治具の半径

P

曲げ変形を
受ける試験片

SR割れ（**再熱割れ**）とは、溶接部に応力除去焼なまし（SR）をした場合、熱影響部に発生する割れです。SR割れの発生機構については、鋼と硫化水素の反応、$Fe+H_2S \rightarrow FeS+2H$により生じた発生期の水素による脆化が主原因と考えられています。

SR割れの発生には、クロムCr、モリブデンMo、バナジウムVなどの合金元素の影響が大きく関係します。これらの元素を含む鋼材のHAZは450℃以上に加熱すると著しく脆化し、再加熱処理を行った際に発生する応力により粗粒域に粒界割れが発生します。

SR割れの発生防止の方法としては、熱処理温度の低下、保持時間の短縮、溶接止端部のグラインダ仕上げによる応力、ひずみの集中の緩和などがあります。

●耐腐食性

鋼は、おかれた環境条件によってはその表面より化学的な侵食を受け、材料本来の耐久性、信頼性が低下する現象が発生します。この化学的な侵食に抵抗する性質を**耐腐食性**(**耐食性**)といいます。化学的な侵食は、酸化還元反応により鋼の電子がイオン化して鋼の表面から脱落していくことで進行します。イオンは酸素により酸化物、水酸化物となり、表面に堆積して脱落します。

鋼に銅Cu、ニッケルNi、クロムCrを添加することにより、安定錆を生成して大気中における鋼の耐腐食性を向上させる耐候性鋼が1970年代より開発され、JIS化されています。自ら作り出す緻密で安定した保護性錆によって腐食の進展を抑制する特性を持ち、塗装をしない裸仕様として用いられています。塗装をする場合も長期間にわたり耐候性を保持する能力があります。

水中における鋼の腐食速度は、溶存酸素の供給によって決まります。水素イオン濃度(pH)については、一般的には水中における鋼の腐食への影響因子とされていますが、国内では、pHは5〜9の範囲が多く影響は限定的です。鋼の表面に塗装などがない場合の腐食速度は、腐食が均一に進むと仮定すると0.4mm/年程度といわれていますが、生成された錆層が酸素の供給を妨げるので、その1/4程度と推測されています。欧米のように硬水の場合、鋼の表面の炭酸カルシウム被膜が溶存酸素の供給を妨げ、腐食速度は小さくなるといわれています。

流速がある水中の場合、流速が増すにつれて溶存酸素の供給が大きくなるため、腐食速度は大きくなります。淡水中の塩素イオンや硫酸イオンの濃度も、鋼の腐食に影響を与えます。流水の場合の腐食状況は、不動態被膜が形成される流速の状態や、イオン濃度によって異なります。ただし、海中のように塩素イオン濃度が高い場合は、流速があっても不動態化は発生しません。

3-5

鋼の力学的性質

鋼の力学的性質は、構造部材としての性能を示すものです。含有化学成分と共に、引張強さ、降伏点耐力、伸び率、靱性などの機械的性質によって規定されます。また、疲労、破壊靱性、耐食性なども鋼の性能を示します。

▶▶ 構造用鋼材の性能

建設用材料として鋼材は、橋、鉄塔、水門、杭などの構造物を構成し、作用力に抵抗する構造用鋼材として使われます。構造用鋼材に要求される性能は、作用力に抵抗できる材料の強さと、その抵抗の仕方である性質によって決まります。通常、これらの性能は鋼の化学成分、および機械的性質である引張強さ、降伏点または耐力、伸び率、断面縮小率、延性、靱性などによって規定されています。

化学成分については、溶融状態で採取した試料からの成分分析や、供試体によるチェック分析によって、炭素C、リンP、硫黄Sその他の含有元素がわかります。引張強さ、降伏点または耐力、伸び率、断面縮小率などは引張試験により、延性は曲げ試験により、靱性は衝撃試験によって測定することができます。このような、構造材料としての基本的な性能のほかに、疲労、破壊靱性、環境誘起破壊などの強度特性や、加工性、溶接性、耐食性なども、構造用鋼材としての性能に関わります。

▶▶ 応力－ひずみ関係

●応力－ひずみ曲線

鋼の試験片に引張荷重を作用させて、応力の変化とそれに対応するひずみの変化との関係を示したものが、**応力－ひずみ曲線**です。応力－ひずみ曲線は、おおむね直線から「上に凸」の曲線に移行する推移を示しますが、曲線に移ってからの変化は、鋼種によって異なります。SS400のような軟鋼の場合は、最大応力度となったあとも十分な伸び変形を発生させてから破断に至ります。これに対して、SM570のような強度の高い鋼の場合、最大応力度となるときのひずみは小さく、また、最大応力度を示したあとに急激な破断をします。

鋼の応力−ひずみ曲線

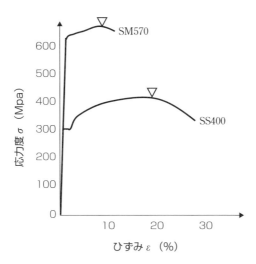

降伏点付近の応力−ひずみ曲線

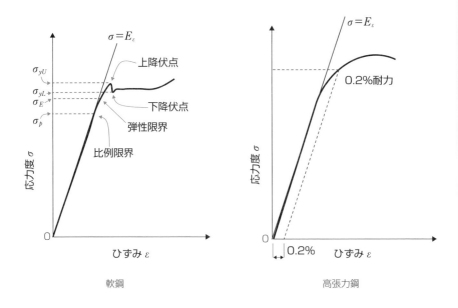

軟鋼

高張力鋼

●降伏と耐力

　軟鋼の場合の応力−ひずみの関係を詳しく見ると、応力が増加するに従ってある応力までは直線で推移します。その限界点が比例限度で、ここまでの直線の勾配が**鋼の弾性（ヤング）係数**です。荷重をさらに増加すると、除荷してももとに戻らずに永久ひずみが残る弾性限界に達します。これ以降が塑性域です。荷重をさらに増加すると、急激にひずみが増加し始める**降伏**という現象が起こります。

　体心立方構造の軟鋼では、降伏（上降伏点）に達したあと、いったん応力が低下します。変形をさらに加えると、しばらくは応力の小さな増減を伴ったほぼ一定の応力−ひずみ関係を示します。最初に降伏した点を上降伏点、その後低下した点を下降伏点といいます。下降伏点の出現については、応力集中や試験方法、試験機の剛性、あるいは試験機装置の状況などの要因の影響を敏感に受けます。このため、JIS規格における降伏点としては、上降伏点が採用されています。一方、高張力鋼など強度の高い鋼材の場合は、軟鋼のような明瞭な降伏点が現れません。このため高張力鋼では、通常、永久ひずみが 0.2% となる時点の応力を**耐力**と称して、強度の基準にします。

軟鋼の結晶構造と塑性ひずみ

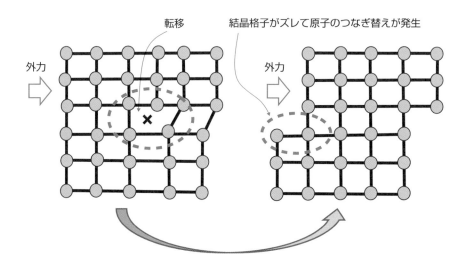

　軟鋼の場合の塑性域における大きなひずみの発生は、微視的には鋼の結晶の原子の並びの中にある転移という不規則な部分の動きによります。構造的に不安定なこの転移がずれて移動し、原子のつなぎ替えが起こることで、大きなひずみが発生します。高張力鋼の場合は、添加された炭素Cなどの原子が結晶格子の転移部分に集まり、転移が動きにくくなることで、大きなひずみが軟鋼よりも起きにくくなります。

●引張強さ

　鋼に引張荷重を作用させて塑性域に入ると、ひずみの増加に伴って応力も増加します。この現象を**ひずみ硬化**といいます。塑性変形能力の高い材料では、公称応力-公称ひずみ曲線（荷重-伸び曲線）の勾配は徐々に水平に近付き、ついに塑性不安定状態となって、ある点にくびれができて耐荷力は低下し始めます。この低下直前の最大荷重をもとの断面積で割った値が**引張強さ**です。

　くびれが発生すると、試験体の断面積は減少します。くびれが発生するまでは、全断面で一様に伸びが生じていましたが、くびれが発生すると、変形は断面積の減少したくびれた部分の断面のみで発生することになります。したがって、荷重が減少しても、その断面での真応力は上昇し続けることになります。

公称応力-公称ひずみと真応力-真ひずみ

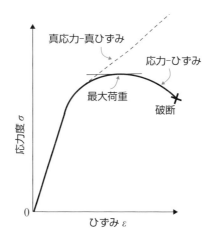

●延性

最大荷重を示したあともさらに変形を加えていくと、やがて破断に至ります。**延性**は、この破断が発生するまでの伸びの大きさで表されます。伸びは、試験片において決められた点間距離の伸びを百分率で表します。試験片の伸びには、くびれた破断部分がくびれて伸びる局部伸びと、全体がほぼ一様に伸びる一様伸びがあります。この伸びは、温度や変形速度、応力状態の違いの影響を受けて、同一の材料でも異なる値を示します。

このほかに延性を示すものとして、絞りがあります。試験片のもとの断面積から、試験後の最小部分の断面積への減少率を％で表します。

▶▶ シャルピー衝撃試験による吸収エネルギーと遷移温度

鋼材の構造材料として優れた点の1つは、その延性により、力の作用に対して十分なエネルギーを吸収できる粘り強さです。しかし、条件によっては脆性的な破壊が発生することもあります。構造用鋼材には、仮に欠陥や疲労亀裂が発生しても、それが引き金となってすぐに脆性破壊が生じたりしないだけの靭性が求められます。

シャルピー衝撃試験（Charpy impact test：JIS Z 2242）は、この鋼の靭性を評価する方法として広く使われています。この衝撃試験は、中央部にV形やU形の切欠き（ノッチ）を刻んだ長さ55mm、断面10×10mmの試験片に対し、落下するハンマーで切欠き部の背面を打撃することで破壊し、この破壊に要したエネルギー（J：ジュール）を吸収エネルギーとして測定する試験です。回転して落下するハンマーの初期の位置エネルギーと打撃後の位置エネルギーの差として計測し、吸収エネルギー（J、kgf・m）、あるいは試験片の断面積で割った衝撃値（J/cm^2、kgf・m/cm^2）として示して、鋼の切欠き靭性を評価します。

鋼の靭性は、温度によって影響を受け、常温では延性的に破壊した同じ材料でも、温度が低下すると脆性的な破壊をするようになります。このため、温度を変えて複数回のシャルピー衝撃試験を行い、各温度の衝撃値をプロットして、温度-衝撃値の変化を示す曲線で表します。試験片の破断面の観察から延性破壊と脆性破壊のそれぞれの面積割合を求め、各温度の脆性破面率あるいは延性破面率をプロットすることで、温度-破面率を示す曲線が得られます。これらの曲線から、鋼材の温度に依存する脆性の傾向を知ることができます。

シャルピー試験機と試験片

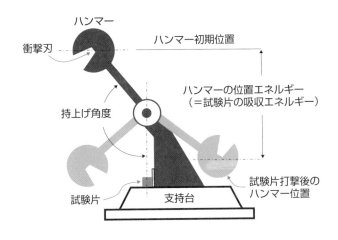

ハンマー

衝撃刃

ハンマー初期位置

ハンマーの位置エネルギー
（＝試験片の吸収エネルギー）

持上げ角度

試験片打撃後の
ハンマー位置

試験片　支持台

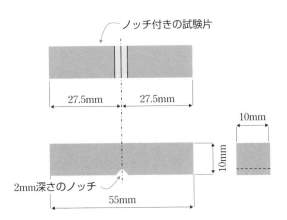

ノッチ付きの試験片

27.5mm　27.5mm

10mm

2mm深さのノッチ　55mm　10mm

　鋼材や溶接部について、靱性に対する所要性能として、通常、所定温度における吸収エネルギー値の最小値が規定されています。特に、溶接熱の影響を受けて母材から変質している溶接継手では、靱性は重要な品質管理項目であり、溶接金属、熱影響部（HAZ）およびその境界部（ボンド）から試験片を切り取ってシャルピー衝撃試験を行い、靱性の評価を行います。強度の高い調質鋼では、ボンド部を含めた部分の靱性を調べることで、溶接の入熱制御などを行います。

　シャルピー衝撃試験の結果より、各温度における脆性破面率や吸収エネルギーを示す曲線によって、延性破壊から脆性破壊へと破壊様式が移行する遷移温度がわかります。通常、破面の外観が延性から脆性、脆性から延性に変化する、あるいは吸収エネルギーが急激に低下、または上昇するなどの現象に対応する温度をもって、**遷移温度**としています。

吸収エネルギーと脆性破面率

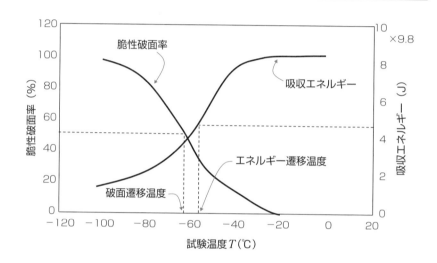

　鋼材の靱性に与える主な要因としては、化学成分と組織があります。化学成分では、炭素C、硫黄S、リンPは靱性を低下させ、遷移温度を高める影響を与えます。靱性を高め遷移温度を下げる元素としては、Niなどがあります。組織については、結晶粒が微細なほど靱性が優れ、粗いものでは靱性が劣る傾向があります。

▶▶ 疲労

●鋼の疲労

疲労とは、応力が繰り返し発生することによる破壊現象です。鋼構造物に外力が繰り返し作用すると、応力集中部や溶接欠陥などの部位で微小な亀裂が発生し、さらに作用する荷重によって進展します。応力が弾性範囲内であっても、微視的には一部の原子がもとに復元しない非弾性的挙動をして、その蓄積で強度の劣化が起こります。最終的な破断は、脆性破壊、あるいは断面減少による不安定破壊によって起こります。疲労の発生に影響を与える要因には、繰り返し発生する応力の変動幅と繰り返しの回数があります。作用応力の変動幅S（最大〜最小応力）と繰り返しの回数（疲労寿命）Nの関係は、両対数グラフに示すと直線の関係にあり、これを図示したグラフを**S-N線**といいます。

　作用応力の変動幅が小さくなるに従って、疲労寿命は長くなり、S-N線は右下がりとなります。しかし、ある変動幅になると、それ以上繰り返し作用させても疲労破壊が起こらない疲労限界に達して、S-N線は水平になります。この疲労限界は、鋼の場合の特性であり、コンクリートやアルミニウムなどでは、明瞭な疲労限界はみられません。また、鋼であっても、溶接継手部では明瞭な比例限界が現れない場合があります。

鋼のS-N線図

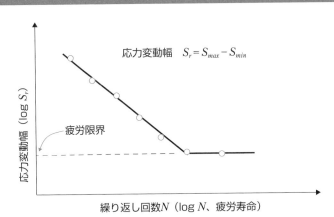

応力変動幅　$S_r = S_{max} - S_{min}$

応力変動幅（log S_r）

疲労限界

繰り返し回数N（log N、疲労寿命）

　鋼材の疲労強度は高強度鋼になるに従って増加しますが、溶接継手部については、継手の形状、溶接欠陥、残留応力などの影響が大きく、母材の強度にはあまり関係しません。継手の種類によっては、高強度鋼の方が軟鋼に比べて疲労強度が低くなる場合もあります。

●低サイクル疲労

　疲労強度は通常、弾性限度より低いレベルの繰り返し応力で発生する疲労を指しますが、地震荷重のような大きな荷重が低い繰り返し回数で作用する場合に発生する疲労を、**低サイクル疲労**として区別します。低サイクル疲労では、塑性領域のひずみが対象であるため、応力とひずみの間にはフックの法則は成立せず、制御する量としては荷重ではなく塑性ひずみをとります。塑性ひずみの振幅と疲労寿命は両対数で直線関係となります。

●疲労強度減少係数

　疲労強度は、溶接部の割れや切欠きなどの応力集中部の存在により、急激に低下することが知られています。切欠きの影響度合いを表すために、ある疲労寿命における応力集中要因の切欠きをつけた材料と、応力集中のまったくない平滑な材料の疲労強度の比をとった**疲労強度減少係数** K_f が用いられます。塑性変形による応力開放があるため、疲労強度減少係数は理論応力集中係数よりも小さくなる傾向があります。

$$疲労強度減少係数\ K_f = \frac{平滑材の\ N_i\ での疲労強度}{切欠き材の\ N_i\ での疲労強度} > 1.0$$

　切欠きなどの応力集中部の存在が疲労強度に与える影響は、高強度鋼ほど敏感となります。平滑材や各種の形状の切欠きを有する部材では、ひずみ履歴が等しければ、高強度鋼の方が同じ繰り返し数で疲労亀裂が発生しやすくなります。

▶▶ 環境誘起破壊

　疲労破壊のように荷重が繰り返し作用する条件下にはなく、かつ、発生応力も弾性域内にあり、通常は脆性破壊や延性破壊が起きるレベルではない場合でも、突然、破壊が生じることがあります。この破壊の原因は微細な亀裂の存在で、これが引き金となって限界値まで進展することで破壊に至るものです。この破壊現象を**環境誘起破壊**（**EAC** [*]）といいます。環境誘起破壊は、力を作用させてからある程度の時間が経過したあとで発生することから、**遅れ破壊**とも呼ばれています。

　遅れ破壊の事例としては、1970年代ごろに鋼橋などの鋼構造物で使用された高力ボルトがあります。現場継手のボルトで、引張強度が1200N/mm^{2}を超える高張力鋼のF11T高力ボルトが、施工後に時間が経過してから破断して脱落する事例が多数報告されました。このあと、引張強度が1100N/mm^{2}程度のF10T高力ボルトに代えられてからは、遅れ破壊の発生はなくなりました。遅れ破壊は、腐食環境の厳しい箇所のボルトの腐食、ピットやねじ部など応力集中部に発生した微細な亀裂が徐々に進展して発生に至ったとされています。

　遅れ破壊の発生メカニズムとしては、水素脆化および応力腐食割れが考えられます。水素脆化は、水素吸収を原因として結晶粒界、引張応力の応力集中部分で発生する脆性破壊です。脆化を起こす影響因子は環境に加えて材料、応力も複雑に関係しています。応力腐食割れも、ある環境条件と材料の組み合わせに、一定以上の引張応力が継続的に作用する場合に発生する、延性または靱性の低下による破壊現象です。鋼材表面の微細な欠陥部が亀裂の始点となり、応力の継続的な作用によって亀裂が進展するものです。

---

[*] **EAC**　Environment Assisted Cracking の略。

鋼の腐食と防食法

　安定状態の酸化鉄の鉄鉱石から還元反応によって取り出した鉄鋼には、酸化しやすいという宿命があります。鋼の腐食は、鋼の弱点ではありますが、適切な防食法によって腐食を防ぎ、腐食の進行を遅らせることが可能です。

▶▶ 腐食の種類と発生メカニズム

　鋼の腐食は、大きく分けて**乾食**と**湿食**があります。乾食は、圧延時の鋼材表面にできるミルスケールなど、高温状態で環境中の物質と反応して生じる腐食です。通常、鋼の腐食として防食の対象となるのは湿食です。

　腐食は、常温状態において水と酸素の存在により発生し、そのメカニズムは鉄Feがイオン化して水の中へ溶解する電気化学的反応です。コンクリートの中性化における鉄筋腐食（本文119、120ページ参照）で述べたように、アノード領域で生じるアノード反応とカソード領域で生じるカソード反応が同時に進行します。片方の反応が止まればもう一方の反応も止まります。鉄Feが溶出するアノード反応が発生する条件は水と鉄の接触であり、カソード反応は水と酸素の存在によって発生します。水と酸素は湿食反応の不可欠な条件であり、防食法の対策の基本は水と酸素の供給を絶つことにあります。

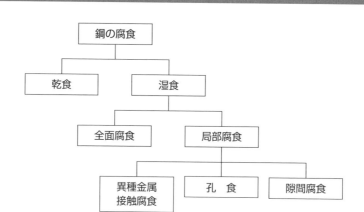

腐食の形態

鋼の腐食
├ 乾食
└ 湿食
　├ 全面腐食
　└ 局部腐食
　　├ 異種金属接触腐食
　　├ 孔食
　　└ 隙間腐食

　腐食形態には、金属表面状態が均一で均質な環境にさらされている場合に生じる**全面腐食**と、部分が腐食する**局部腐食**があります。通常、鋼構造物の腐食で防食の対象とするのは、多くが局部腐食です。

　局部腐食は、金属表面の状態や、日照・通風など環境条件の不均一によって、局部に腐食が集中して生じる現象です。局部腐食では、腐食される場所（アノード位置）が固定されるため、腐食速度は全面腐食に比べて著しく速くなります。局部腐食には、異種金属接触腐食、孔食、隙間腐食などがあります。

　異種金属接触腐食とは、電位の異なる金属が直接接触し、電解質溶液の存在で両者間に腐食電池が形成されて、よりイオン化傾向の高い卑な金属が酸化して腐食が起こる現象であり、**ガルバニック腐食**とも呼ばれます。普通鋼とステンレス鋼が接触し、その接触箇所に雨水などで水分が供給されると電池が形成され、電位がスレンレス鋼より卑な普通鋼の方に腐食が発生します。材質の異なる金属を組み合わせて用いる場合、電池が形成されないように、両者間に電流の流れを避ける絶縁物を入れるなどで腐食を防ぐ必要があります。

孔食のメカニズム

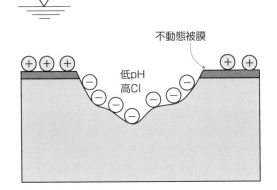

　孔食とは、金属内部に向かって孔状に進行する局部腐食現象です。ステンレス鋼などで不動態被膜を形成した金属に発生しやすい現象で、被膜が塩化物イオンによって局所的に破壊された箇所がアノードとなり、孔状に腐食が進行するものです。表面に形成された不動態被膜が破壊されやすい環境にある場合の対策としては、塗装等の被覆防食との併用があります。電気回路が形成されることによって発生する金属腐食全般を電食と呼びますが、鉄道軌道から流れた地中の迷走電流によって、埋設された鋼管が孔食を受ける例もあります。

　隙間腐食とは、鋼板の重ね継手部やボルト、ワッシャーの重ね合わせ部などの隙間に発生する腐食です。隙間の酸素イオン濃度が減少すると、隙間の内外で通気差電池が形成され、酸素イオン濃度の低い内部をアノード、外部をカソードとする回路が形成されて腐食が発生します。腐食が進行すると、鉄イオンFe^{2+}や水素イオンH^+が蓄積し、塩分濃度の増加、pHの低下の進展に伴って、さらに腐食が加速されます。

　隙間腐食を防止するには通気差電池ができないように、隙間の生じにくい構造とするか、隙間があっても隙間に水が浸入しないように塗装やシーリングで被覆する方法があります。

隙間腐食のメカニズム

加水分解反応
$$Fe^{2+}+2H_2O \rightarrow Fe(OH)+2H^+$$

カソード反応
$$1/2O_2+H_2O+2e^- \rightarrow OH^-$$

O_2　　OH^-
H_2O
Cl^- →
H^+
Fe^{2+}
$2e^-$　　Fe

重ね継手の
母材間の隙間

アノード反応
$$Fe \rightarrow Fe^{2+}+2e^-$$

▶▶ 鋼構造物の防食法

鋼構造物の主な防食法には、被覆防食、耐食性材料の使用、環境改善、電気防食などがあります。

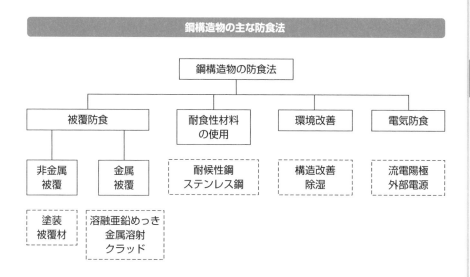

鋼構造物の主な防食法

被覆防食は、鋼材を腐食の原因の水・酸素から遮断することで防食をする方法で、遮断する材料によって、塗装などの非金属の材料による場合と、溶融亜鉛めっき、金属溶射などの金属材料によって被覆をする方法があります。

塗装では通常、腐食環境条件の違いによって複数の塗装系を使い分けます。また、塗装被膜の品質は防錆性能に影響を与えることから、塗装の施工にあたって温度や湿度等の施工環境条件の管理が重要となります。塗装は、施工後に補修塗り等の対策を施すことで、防食機能を維持・回復することが可能です。

溶融亜鉛めっきは、鋼材表面に形成した亜鉛被膜が、腐食の原因となる酸素と水や、腐食を促進する塩化物等の物質を遮断する防食法です。腐食環境の条件によって350〜600 g/m^{2}の付着量で亜鉛被膜を形成して防食します。溶融亜鉛めっきは、塩分の多い環境下では消耗が速いことから、飛来塩分量の多い地域や凍結防止剤の影響を受ける部材への適用に留意が必要です。

　金属溶射は、鋼材表面に溶射被膜を形成することで、酸素と水、塩類などの腐食物質を遮断する防食法です。また、溶射材料の亜鉛が犠牲陽極として作用することで防食性能が向上します。溶射被膜の材料として代表的なものは、亜鉛溶射被膜、アルミニウム溶射被膜、亜鉛・アルミニウム合金などがあります。

　耐食性材料の使用による防食法には、合金元素を添加して鋼材腐食速度を低下させることで耐食性を高めた耐候性鋼を使用する方法があります。耐候性鋼は、鋼材表面に生成される保護性錆といわれる緻密な錆層で、酸素や水から鋼材を保護して錆の進展を制御します。耐候性鋼材は、鋼板以外に、溶接材料、高力ボルトなどにも使用されています。

　環境改善による防食法は、構造物に使用される鋼材の部位・形状などによる腐食因子を改善することで、錆の発生をコントロールする方法です。滞水や湿気のこもりなどによる湿潤状態が継続することのないよう、水勾配をつけたり、通気など構造の改善をしたりして水や酸素等を排除する方法、除湿によって湿度を管理する方法などがあります。

　電気防食は、鋼材表面の電位差をなくすように電流を通すことで腐食回路の形成を防ぐ方法で、流電陽極方式と外部電源方式があります。通常、電気防食は塗装やめっきなどの施工ができない場合に採用される防食法で、主に海洋、水中あるいは土壌中などの鋼構造物の防食に適用されています。

3-7

建設用鋼材

建設用鋼材には、使用する目的に応じて、鋼板、形鋼、矢板その他からワイヤーなどの線材に至るまで各種の形状のものがあります。また、強度、硬さ、溶接性、耐候性などの違いによっても、建設用鋼材の種類は多岐にわたります。

▶▶ 種類と規格

● 炭素鋼

①炭素鋼の種類

建設用鋼材として使用されている**炭素鋼**は、炭素量が0.1～0.6%の鋼で、炭素の含有量が少ないものから低炭素鋼、中炭素鋼、高炭素鋼と区分されています。これらの中でも特に低炭素鋼は炭素量が0.3%以下の軟鋼で、優れた靭性があり、溶接も容易であることから、橋梁、鉄骨などの建設分野や船舶構造などで最も広く使用されています。低炭素鋼では構造用鋼材として、一般構造用圧延鋼材（JIS G 3101）、溶接構造用圧延鋼材（JIS G 3106）がJISで規定されています。

炭素量を上げて強度や硬度を高めた中炭素鋼（炭素量0.30～0.50%）、および、高炭素鋼（炭素量0.50%以上）は、機械構造用として、車軸、クランクシャフトなどの大型の機械構造用部品や工具類などに使われています。機械構造用炭素鋼鋼材（JIS G 4051）としてJISで規定されています。

②一般構造用圧延鋼材

一般構造用圧延鋼材（JIS G 3101）は構造用鋼材としては最も一般的な鋼材で、**SS**（Steel Structure）の記号で表し、これと保証引張強さ（N/mm²）の下限値を組み合わせて表記したSS330、SS400、SS490、SS540の4種類があります。鋼板、鋼帯、平鋼、棒鋼および各種形鋼に圧延されて提供されます。JIS規格では、SS540を除いて化学成分としてはリンPと硫黄Sの最大値のみが規定され、炭素量の規定はありませんが、SS330、SS400は炭素量0.15～0.20%、SS490、SS540は0.20～0.30%が一般的であり、主に炭素含有量で引張強度を制御しています。

一般構造用圧延鋼材（種類）（JIS G 3101）

種類の記号	適用
SS330	鋼板、鋼帯、平鋼および棒鋼
SS400	鋼板、鋼帯、平鋼、棒鋼および形鋼
SS490	
SS540	厚さ40 mm以下の鋼板、鋼帯、形鋼、平鋼および径、辺または対辺距離40 mm以下の棒鋼

一般構造用圧延鋼材（化学成分）（JIS G 3101）

種類の記号	化学成分（%）			
	C	Mn	P	S
SS330	―	―	0.050以下	0.050以下
SS400				
SS490				
SS540	0.30以下	1.60以下	0.040以下	0.040以下

注：必要に応じて，この表以外の合金元素を添加してもよい。

一般構造用圧延鋼材（機械的性質）（JIS G 3101）

種類の記号	降伏点または耐力 (N/mm²) [a] 16以下	16を超え40以下	40を超え100以下	100を超えるもの	引張強さ (N/mm²)	厚さ (mm) [a]	試験片	伸び (%)	曲げ性 曲げ角度	内側半径	試験片 [c]
SS330	205以上	195以上	175以上	165以上	330〜430	鋼板、鋼帯、平鋼の厚さ5以下	5号	26以上	180°	厚さの0.5倍	1号
						鋼帯、平鋼の厚さ5を超え16以下	1A号	21以上	180°	辺、径または対辺距離の0.5倍	2号
						鋼板、鋼帯、平鋼の厚さ16を超え50以下	1A号	26以上			
						鋼板、平鋼の厚さ40を超えるもの	4号	28以上 [b]			
SS400	245以上	235以上	215以上	205以上	400〜510	棒鋼の径、辺または対辺距離25を超えるもの	2号	25以上	180°	厚さの1.5倍	1号
						棒鋼の径、辺または対辺距離25以下	14A号	28以上	180°	辺、径または対辺距離1.5倍	2号
						鋼板、鋼帯、平鋼、形鋼の厚さ5以下	5号	21以上			
						鋼帯、平鋼、形鋼の厚さ5を超え16以下	1A号	17以上			
						鋼板、鋼帯、平鋼、形鋼の厚さ16を超え50以下	1A号	21以上			
						鋼板、平鋼、形鋼の厚さ40を超えるもの	4号	23以上 [b]			
SS490	285以上	275以上	255以上	245以上	490〜610	棒鋼の径、辺または対辺距離25を超えるもの	2号	20以上	180°	厚さの2.0倍	1号
						棒鋼の径、辺または対辺距離25以下	14A号	22以上	180°	辺、径または対辺距離の2.0倍	2号
						鋼板、鋼帯、平鋼、形鋼の厚さ5以下	5号	19以上			
						鋼帯、平鋼、形鋼の厚さ5を超え16以下	1A号	15以上			
						鋼板、鋼帯、平鋼、形鋼の厚さ16を超え50以下	1A号	19以上			
						鋼板、平鋼、形鋼の厚さ40を超えるもの	4号	21以上 [b]			
SS540	400以上	390以上	—	—	540以上	棒鋼の径、辺または対辺距離25を超えるもの	2号	18以上	180°	厚さの2.0倍	1号
						棒鋼の径、辺または対辺距離25以下	14A号	20以上	180°	辺、径または対辺距離の2.0倍	2号
						鋼板、鋼帯、平鋼、形鋼の厚さ5以下	5号	16以上			
						鋼帯、平鋼、形鋼の厚さ5を超え16以下	1A号	13以上			
						鋼板、鋼帯、平鋼、形鋼の厚さ16を超え40以下	1A号	17以上			
						棒鋼の径、辺または対辺距離25を超え40以下	2号	13以上			
						棒鋼の径、辺または対辺距離25以下	14A号	16以上			

注a) 形鋼の場合、厚さは、試験片採取位置の厚さとする。棒鋼の場合、厚さは径、辺、角鋼は辺、丸鋼は径、六角鋼は対辺距離の寸法とする。
b) 厚さ90mmを超える鋼板の4号試験片の伸びは、厚さ25.0mmまたはその端数を増すごとに、この表の伸びの値から1を減じる。ただし、減じる限度は3とする。
c) 厚さ5mm以下の鋼材の曲げ試験には、3号試験片を用いてもよい。

第3章　鉄鋼

197

③溶接構造用圧延鋼材

　溶接構造用圧延鋼材（JIS G 3106）は、鋼材の溶接性を高めて溶接構造の船舶や鋼構造用に適用する目的で開発された鋼材です。溶接構造用圧延鋼材は、**SM** ＊の記号で表し、これと保証引張強さ（N/mm²）の下限値を組み合わせて表記されるSM400、SM490、SM490Y、SM520、SM570の5種類が規定されています。SM570を除く4種類には、記号の末尾にA、B、Cが付された板厚による区分があります。

　化学成分は一般構造用圧延鋼材と似ていますが、溶接性を確保するために炭素の含有量を抑え、Si、Mnの含有量を増やし、バナジウムV、ニオブNbなどが添加されています。靱性が優れ脆性破壊が起きにくい性質があり、シャルピー衝撃値も規定されています。

溶接構造用圧延鋼材（種類）（JIS G 3106）

種類の記号	鋼材の形状	適用厚さ
SM400A	鋼板、鋼帯、形鋼および平鋼	200mm以下
SM400B		
SM400C	鋼板、鋼帯および形鋼	100mm以下
	平鋼	50mm以下
SM490A	鋼板、鋼帯、形鋼および平鋼	200mm以下
SM490B		
SM490C	鋼板、鋼帯および形鋼	100mm以下
	平鋼	50mm以下
SM490YA	鋼板、鋼帯、形鋼および平鋼	100mm以下
SM490YB		
SM520B	鋼板、鋼帯、形鋼および平鋼	100mm以下
SM520C	鋼板、鋼帯および平鋼	100mm以下
	平鋼	40mm以下
SM570	鋼板、鋼帯および平鋼	100mm以下
	平鋼	40mm以下

注記の詳細については、JIS G 3106を参照のこと

＊**SM**　Steel Marine の略。

溶接構造用圧延鋼材（化学成分）（JIS G 3106）

種類の記号	厚さ	化学成分（%）				
		C	Si	Mn	P	S
SM400A	50mm以下	0.23以下	—	2.5C以上	0.035以下	0.035以下
	50mmを超え200mm以下	0.25以下				
SM400B	50mm以下	0.20以下	0.35以下	0.6〜1.50	0.035以下	0.035以下
	50mmを超え200mm以下	0.22以下				
SM400C	100mm以下	0.18以下	0.35以下	0.6〜1.50	0.035以下	0.035以下
SM490A	50mm以下	0.20以下	0.55以下	1.65以下	0.035以下	0.035以下
	50mmを超え200mm以下	0.22以下				
SM490B	50mm以下	0.18以下	0.55以下	1.65以下	0.035以下	0.035以下
	50mmを超え200mm以下	0.20以下				
SM490C	100mm以下	0.18以下	0.55以下	1.65以下	0.035以下	0.035以下
SM490YA	100mm以下	0.20以下	0.55以下	1.65以下	0.035以下	0.035以下
SM490YB						
SM520B	100mm以下	0.20以下	0.55以下	1.65以下	0.035以下	0.035以下
SM520C						
SM570	100mm以下	0.18以下	0.55以下	1.70以下	0.035以下	0.035以下

注記の詳細については、JIS G 3106を参照のこと

溶接構造用圧延鋼材（機械的性質）（JIS G 3106）

種類の記号	降伏点または耐力 (N/mm²) 16以下	16を超え40以下	40を超え75以下	75を超え100以下	100を超え160以下	160を超え200以下	引張強さ (N/mm²) 100以下	100を超え200以下	伸び 厚さ(mm)	試験片	%
SM400A / SM400B / SM400C	245以上	235以上	215以上	215以上	205以上	195以上	400~510	400~510	5以下	5号	23以上
									5を超え16以下	1A号	18以上
									16を超え50以下	1A号	22以上
									40を超えるもの	4号	24以上
SM490A / SM490B / SM490C	325以上	315以上	295以上	295以上	285以上	275以上	490~610	490~610	5以下	5号	22以上
									5を超え16以下	1A号	17以上
									16を超え50以下	1A号	21以上
									40を超えるもの	4号	23以上
SM490YA / SM490YB	365以上	355以上	335以上	325以上	—	—	490~610	—	5以下	5号	19以上
									5を超え16以下	1A号	15以上
									16を超え50以下	1A号	19以上
									40を超えるもの	4号	21以上
SM520B / SM520C	365以上	355以上	335以上	325以上	—	—	520~640	—	5以下	5号	19以上
									5を超え16以下	1A号	15以上
									16を超え50以下	1A号	19以上
									40を超えるもの	4号	21以上
SM570	460以上	450以上	430以上	420以上	—	—	570~720	—	16以下	5号	19以上
									16を超えるもの	5号	26以上
									20を超えるもの	4号	20以上

注記の詳細については、JIS G 3106を参照のこと

●低合金鋼
①低合金鋼の種類

　低合金鋼は、炭素鋼に銅Cu、ニッケルNi、クロムCr、モリブデンMo、バナジウムV、ニオブNb、チタンTi、ボロンBなどを添加することで特定の性質を付与した鋼で、強度を高めた溶接構造用高張力鋼、耐候性を付与した耐候性鋼、低温での靱性を高めた低温用鋼、ボイラー用鋼などがあります。

②溶接構造用高張力鋼

　炭素Cの含有量が増加すると鋼の強度は増大しますが、同時に溶接性は低下します。**溶接構造用高張力鋼**は、炭素以外の合金元素を添加することで、溶接性、靱性を低下させずに強度を高めた鋼材で、引張強さが780N/mm^2、耐力が685N/mm^{2}級の熱間圧延鋼材です。圧力容器、高圧設備、その他高強度を必要とする溶接構造物に使用します。JISでは、溶接構造用高降伏点鋼板（JIS G 3128）として規定されています。

③溶接構造用耐候性熱間圧延鋼材

　溶接構造用耐候性熱間圧延鋼材（JIS G 3114、以下「耐候性鋼材」）は、耐候性と塗装性を高めて大気中での耐食性を向上させる目的で開発された鋼材です。化学成分として、溶接構造用鋼材に銅Cu、クロムCr、ニッケルNiなどの合金成分を添加し、耐候性を高めています。

　耐候性鋼材で形成される錆は、通常の鋼の錆とは異なり組織が緻密で、定着性のある安定錆であり、この錆が保護被膜として作用することで耐食性が向上します。耐候性鋼材には、無塗装で使用する無塗装耐候性鋼材（SMA-W）、および塗装をして使用することを条件とする塗装耐候性鋼材（SMA-P）の2種類があります。SMA-Pは、溶接性を維持しつつ塗装との組み合わせで耐候性を持たせた仕様とし、比較的高価な合金成分であるクロムCr、ニッケルNiの添加をSMA-Wよりも減らしたものです。JISでは、クロムCrはSMA-Wの0.45～0.75%に対し、SMA-Pでは3割ほど少ない0.30～0.55%と規定されています。ニッケルNiについては、SMA-Wでは0.05～0.30%とありますが、SMA-Pでは規定がありません。

溶接構造用耐候性熱間圧延鋼材（種類）（JIS G 3114）

種類の記号	鋼材	適用厚さ[※]
SMA400AW	鋼板、鋼帯、形鋼および平鋼	200mm以下
SMA400AP		
SMA400BW	鋼板、鋼帯、形鋼および平鋼	200mm以下
SMA400BP		
SMA400CW	鋼板、鋼帯および形鋼	100mm以下
SMA400CP		
SMA490AW	鋼板、鋼帯、形鋼および平鋼	200mm以下
SMA490AP		
SMA490BW	鋼板、鋼帯、形鋼および平鋼	200mm以下
SMA490BP		
SMA490CW	鋼板、鋼帯および形鋼	100mm以下
SMA490CP		
SMA570W	鋼板、鋼帯および形鋼	100mm以下
SMA570P		

Wを付した鋼材は、通常、塗装しないかまたは錆安定化処理を行って使用する。
Pを付した鋼材は、通常、塗装して使用する。
※形鋼の厚さは、JIS G 3192の表3（山形鋼、I形鋼、溝形鋼、球平形鋼およびT形鋼の形状およ
び寸法の許容差）の厚さtまたはt2、および表4（H形鋼の形状および寸法の許容差）の厚さt2
とする。

●ステンレス鋼

　ステンレス鋼は、クロム元素Crを一定量以上含ませて、耐食性を高めた合金鋼です。国際的には、10.5%以上のクロムの含有量があり、炭素の含有量が1.2%以下の合金鋼、と定義されています。ステンレス鋼の耐食性は、主としてクロムの含有によりますが、このほかにも各種の特性を付与するためにニッケル、モリブデン、銅、ケイ素、窒素、アルミニウムなどが添加されています。ステンレス鋼の種類は、クロムを主成分とするクロム系ステンレスと、ニッケル、クロムを主成分とするニッケル・クロム系ステンレスに大別されます。

　ステンレス鋼の建設分野での使用は、炭素鋼や低合金鋼などとは異なり、構造用を主目的とすることはまれで、特に腐食が問題となるような環境下において耐食性の特性に着目した使用がなされています。水門の扉体や戸当り部、構造物の排水施設関連、橋梁の高欄や手摺り、その他、塗装がしにくく外観が重視される箇所などに使用されます。また、海水に直接さらされるジャケットなどの海洋鋼構造物の干満帯の鋼材表面に、ステンレス鋼板をライニング材として使用する例もあります。

●形鋼、鋼管、鋼矢板

①形鋼

　形鋼は各種の断面形状に圧延された鋼材で、6mから13mの標準長さで提供されます。橋梁やその他の鋼構造物の柱、梁などの部材、杭、あるいは各種の仮設用建材として使われます。形鋼は通常、熱間で圧延された形鋼を指しますが、冷間で加工された板厚の薄い軽量形鋼もあります。代表的な形鋼の種類には、H形鋼、I形鋼、山形鋼、T形鋼、平鋼、溝形鋼、球平形鋼などがあります。

　H形鋼は建設分野では最も一般的な形鋼であり、H形の断面形状で重量あたりの曲げ剛性など断面効率も優れ、汎用性の高い形鋼です。橋梁などの構造材用（JIS G 3192）と、基礎構造の杭用（JIS A 5526）があります。

　I形鋼は、強軸方向の曲げ剛性を高めたI形の断面形状の形鋼です。山形鋼はアングルとも呼ばれ、断面がL形の形鋼です。橋梁では、横構や対傾構などに使われます。Lの二辺の長さが等しい等辺山形鋼、辺長が異なる不等辺山形鋼があります。T形鋼は、断面がT形の形鋼で、やはり橋梁の横構や対傾構に利用されます。平鋼は、フラットバーと呼ばれ、帯状の鋼材です。溝形鋼はチャンネルと呼ばれるもので、断面がコの字形の形鋼です。

熱間圧延形鋼の種類と断面形状

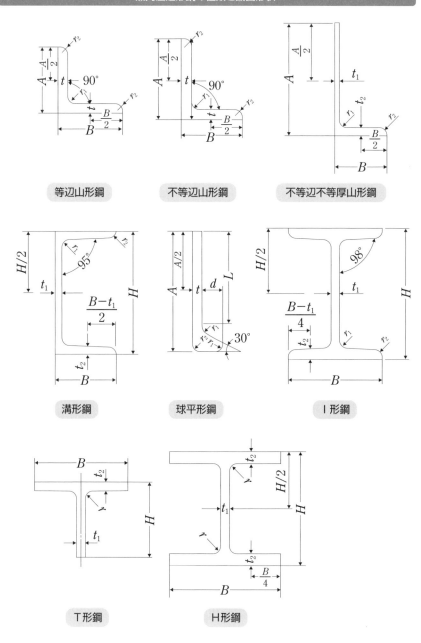

等辺山形鋼

不等辺山形鋼

不等辺不等厚山形鋼

溝形鋼

球平形鋼

I形鋼

T形鋼

H形鋼

②鋼管

　鋼管には、製造法や用途に応じて、数多くの種類があります。熱間加工で製造した熱間仕上継目無鋼管、鍛接鋼管、熱間仕上電気抵抗溶接鋼管、鋼板成形溶接で製造した電気抵抗溶接鋼管、アーク溶接鋼管などがあります。冷間加工によるものでは、冷間引抜きによる冷間仕上継目無鋼管や、冷間仕上電気抵抗溶接鋼管、冷間仕上鍛接鋼管、冷間仕上アーク溶接鋼管などがあります。

　建設材料として比較的多く使われるのは、構造用材として使われる一般構造用炭素鋼鋼管（JIS G 3444）です。記号はSTKで表記され、鋼板と同様に、保証引張強さと組み合わせて示され、STK290、STK400、STK490、STK500およびSTK540の5種類が規定されています。これらは、継目無鋼管、電気抵抗溶接鋼管、鍛接鋼管あるいは自動アーク溶接鋼管のいずれかの方法によって製造されます。

　このほか、構造用鋼管としては、角形断面の一般構造用角形鋼管（JIS G 3466）、主に送電鉄塔用に用いる鉄塔用高張力鋼管（JIS G 3474）、溶接構造用遠心力鋳鋼管（JIS G 5201）、鋼管ぐい（JIS A 5525）などがあります。

③鋼矢板

　鋼矢板は、港湾や河川工事において広く使用されています。鋼矢板の断面両端の継手を土中でつないで地中に壁面を作ることで、土留め、基礎などの工事、あるいは管路などを埋設する際の掘削の仮設土留めに使用されます。仮設の場合は、使用が終わったあと引き抜くことで再利用が可能です。

　鋼矢板の種類には断面形状から、U形、直線形、Z形、H形、ハット形の5種類があり、強度から、SYW295（降伏点強度295N/mm²、引張強さ450N/mm²以上）、SYW390（同390N/mm²、490N/mm²以上）、SYW430（同430N/mm²、同510N/mm²以上）の3種類があります（JIS A 5523）。また、鋼管杭に継手をつけたものを**鋼管矢板**といいます。大きな剛性が必要となる締切りの壁体を施工する場合に採用されます。

　矢板は熱間加工により製造されますが、冷間成形による軽量鋼矢板もあります。

圧延鋼矢板の形状

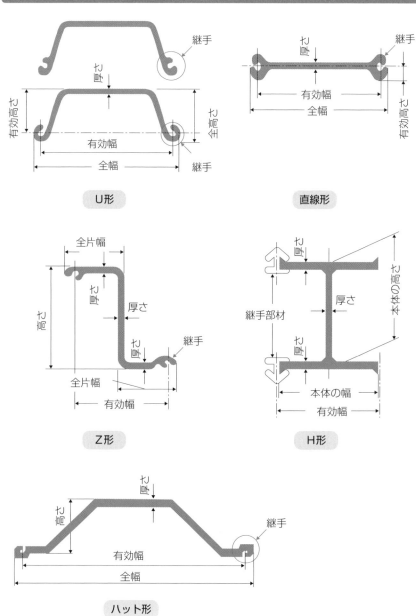

●鉄筋、PC鋼材、ケーブル

①鉄筋

　鉄筋コンクリート用鋼材は、コンクリートとの付着が大きく、延性に富み、かつ溶接性が良いことが求められます。鉄筋には、熱間圧延棒鋼（丸鋼）、および熱間圧延異形棒鋼（異形鉄筋）が用いられます。異形鉄筋は、丸鋼と同様に熱間圧延で製造され、最終工程で表面に凹凸がつけられたものです。JIS（G 3112：2010）では、丸鋼2種類、異形5種類の鉄筋コンクリート用棒鋼が規定されています。

異形鉄筋の例

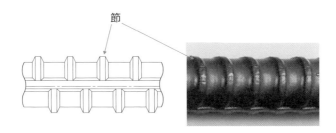

節

鉄筋コンクリート用棒鋼（種類と記号）（JIS G 3112）

区分	種類の記号
丸鋼	SR235
	SR295
異形棒鋼	SD295A
	SD295B
	SD345
	SD390
	SD490

鉄筋コンクリート用棒鋼（化学成分）（JIS G 3112）

種類の記号	化学成分（%）					
	C	Si	Mn	P	S	C+Mn/6
SR235	—	—	—	0.050以下	0.050以下	—
SR295	—	—	—	0.050以下	0.050以下	—
SD295A	—	—	—	0.050以下	0.050以下	—
SD295B	0.27以下	0.55以下	1.50以下	0.040以下	0.040以下	—
SD345	0.27以下	0.55以下	1.60以下	0.040以下	0.040以下	0.50以下
SD390	0.29以下	0.55以下	1.80以下	0.040以下	0.040以下	0.55以下
SD490	0.32以下	0.55以下	1.80以下	0.040以下	0.040以下	0.60以下

注：注記の詳細については、JIS G 3112;2010を参照のこと

鉄筋コンクリート用棒鋼（機械的性質）（JIS G 3112）

種類の記号	降伏点または0.2%耐力（N/mm²）	引張強さ（N/mm²）	引張試験片	伸び（%）	曲げ性	
					曲げ角度	内側半径
SR235	235以上	380〜520	2号	20以上	180°	公称直径の1.5倍
			14A号	22以上		
SR295	295以上	440〜600	2号	18以上	180°	径16 mm以下　公称直径の1.5倍
			14A号	19以上		径16 mmを超えるもの　公称直径の2倍
SD295A	295以上	440〜600	2号に準じるもの	16以上	180°	D16以下　公称直径の1.5倍
			14A号に準じるもの	17以上		D16を超えるもの　公称直径の2倍
SD295B	295〜390	440以上	2号に準じるもの	16以上	180°	D16以下　公称直径の1.5倍
			14A号に準じるもの	17以上		D16を超えるもの　公称直径の2倍
SD345	345〜440	490以上	2号に準じるもの	18以上	180°	D16以下　公称直径の1.5倍
			14A号に準じるもの	19以上		D16を超えD41以下　公称直径の2倍
						D51　公称直径の2.5倍
SD390	390〜510	560以上	2号に準じるもの	16以上	180°	公称直径の2.5倍
			14A号に準じるもの	17以上		
SD490	490〜625	620以上	2号に準じるもの	12以上	90°	D25以下　公称直径の2.5倍
			14A号に準じるもの	13以上		D25を超えるもの　公称直径の3倍

注：注記の詳細については、JIS G 3112;2010を参照のこと

②PC鋼材

　プレストレストコンクリートに圧縮力を加える緊張材として用いられる**PC鋼材**には、直径10mm以上のPC鋼棒（SBPR/SBPD）、直径8mm以下のPC鋼線、およびそれらを縒り合わせたPC鋼縒り線（SWPR/SWPD）があります。また、主にプレテンション方式に用いられる細径異形PC鋼棒（SBPDN）があります。これらのPC鋼材は、特殊鋼（合金鋼、高炭素鋼）の線材（コイル）を、ホットストレッチングあるいは冷間引抜き加工によりダイスに通して所定の径に伸線し、焼入れ、焼戻しの熱処理を行って製造されます。

PC鋼棒の種類と機械的性質（JIS G 3109）

種類／記号					耐力 (N/mm²)	引張強さ (N/mm²)	伸び (%)	レラクセーション値 (%)
丸鋼棒		異形鋼棒						
A種	2号 SBPR 785/1030	A種	2号	SBPD 785/1030	785以上	1030以上	5以上	4.0以下
B種	1号 SBPR 930/1080	B種	1号	SBPD 930/1080	930以上	1080以上		
	2号 SBPR 930/1180		2号	SBPD 930/1180	930以上	1180以上		
C種	1号 SBPR 1080/1230	C種	1号	SBPD 1080/1230	1080以上	1230以上		

高張力マンガン鋼を使用した清洲橋

　隅田川に架かる清洲橋は、関東大震災の帝都復興事業の一環として1928（昭和3）年に開通した、自定式チェイン吊橋です。

　設計ではチェインを細くするために、当時、イギリス海軍が艦船用鋼材として開発したばかりの、デュコール鋼と呼ばれる引張強度が600N/mm²を超える高張力の低マンガン鋼が使われました。

▼清洲橋

PC鋼線、PC鋼縒り線の種類と機械的性質（JIS G 3536）

種類		記号	呼び径 (mm)	0.2%永久伸 びに対する試 験力(kN)	最大 試験力 (kN)	伸び (%)	リラクゼー ション値 (%)	
							(通常)	L (低)
PC鋼線	丸線 (R)	SWPR1AN	2.9mm	11.3以上	12.7以上	3.5以上	8.0 以下	2.5 以下
		SWPR1AL	4mm	18.6以上	21.1以上			
	異形 (D)	SWPD1N	5mm	27.9以上	31.9以上	4.0以上		
		SWPD1L	6mm	38.7以上	44.1以上			
			7mm	51.0以上	58.3以上	4.5以上		
			8mm	64.2以上	74.0以上			
			9mm	78.0以上	90.2以上			
	丸線 (R)	SWPR1BN	5mm	29.9以上	33.8以上	4.0以上		
		SWPR1BL	7mm	54.9以上	62.3以上	4.5以上		
			8mm	69.1以上	78.9以上			
PC鋼縒り線	異形 (D)	SWPR2N	2.9mm2本縒り	22.6以上	25.5以上	3.5以上	8.0 以下	2.5 以下
		SWPR2L						
		SWPD3N	2.9mm3本縒り	33.8以上	38.2以上			
		SWPD3L						
	丸線 (R)	SWPR7AN	7本縒り9.3mm	75.5以上	88.8以上	3.5以上	8.0 以下	2.5 以下
		SWPR7AL	7本縒り10.8mm	102以上	120以上			
			7本縒り12.4mm	136以上	160以上			
			7本縒り15.2mm	204以上	240以上			
		SWPR7BN	7本縒り9.5mm	86.8以上	102以上	3.5以上	8.0 以下	2.5 以下
		SWPR7BL	7本縒り11.1mm	118以上	138以上			
			7本縒り12.7mm	156以上	183以上			
			7本縒り15.2mm	222以上	261以上			
		SWPR19N	19本縒り17.8mm	330以上	387以上			
		SWPR19L	19本縒り19.3mm	387以上	451以上			
			19本縒り20.3mm	422以上	495以上			
			19本縒り21.8mm	495以上	573以上			
			19本縒り28.6mm	807以上	949以上			

種類		記号	耐力 (N/mm²)	引張強さ (N/mm²)	伸び (%)	リラクゼーション値 (%)
B種	1号	SBPDN930/1080	930以上	1080以上	5以上	4.0以下
		SBPDL930/1080				2.5以下
C種	1号	SBPDN1080/1230	1080以上	1230以上	5以上	4.0以下
		SBPDL1080/1230				2.5以下
D種	1号	SBPDN1275/1420	1275以上	1420以上	5以上	4.0以下
		SBPDL1275/1420				2.5以下

細径異形PC鋼棒の種類と機械的性質（JIS G 3137）

第3章 鉄鋼

③ワイヤロープ

ワイヤロープは素線を数多く組み合わせたケーブルの総称で、使用目的に応じて数多くの種類があります。ワイヤロープの主な用途は、海事用、航空機用、索道（ロープウェイなど）用から、吊橋などの橋梁のケーブル、ガードケーブル、傾斜地のワイヤーネットまで多岐にわたります。

ワイヤロープの種類には、吊橋や斜張橋のメインケーブルに使われる平行線ケーブル、縒り線、ロックドコイルなどのスパイラルロープ、複数のストランドを束ねた索道や、クレーンに使われるストランドロープといったものがあります。

ワイヤロープは、通常の鉄鋼製品と比べて引張強度が高く、柔軟性に富むことから、長尺物の運搬や取り扱いが容易である半面、素線の組み合わせで断面を構成しているため見かけの弾性係数が低い、という特徴があります。

ワイヤロープの分類

区分		種類	主な用途
ワイヤロープ	平行線ケーブル	被覆平行線ケーブル (PWC) 平行線ケーブル (PWS) HiAm アンカーケーブル NEW-PWS その他	長大吊橋、斜張橋、 吊屋根ケーブル
	スパイラルロープ	縒り線、ロックドコイル	中規模吊橋、斜張橋、橋梁吊材
	ストランドロープ	1層ストランドロープ	索道の曳き索、エレベーター、 クレーン用索、ケーブルカー用索
		多層ストランドロープ	クレーン索、吊橋ハンガー (CFRC)
	ケーブルレイドロープ	スプリングレイロープ他	海底電線工事用

主なワイヤロープ断面形の例

平行線ケーブル
（正六角形 PWS）

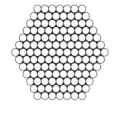

スパイラルロープ
（1×27 縒り線）

ストランドロープ
（JIS G 3525
6号 6×37）

ロープ寸法：25×22.3mm
　　　　　　～85×73.6mm
ワイヤー数：19～217
破断荷重　：586kN
　　　　　　～6650kN

ロープ径：45mm
　　　　　～63mm
破断荷重：1610kN
　　　　　～3160kN

ロープ径：12.5mm
　　　　　～50mm
破断荷重：77.1kN
　　　　　～1230kN

アスファルト

アスファルトは道路、空港などの舗装用を中心に、その他、防水材や目地材、防錆材などにも使われています。本章では、各用途に用いられるアスファルトについて、それらの種類、製造、性質、および試験方法などについて学び、各種アスファルトの性質、規格、および舗装材などに使われるアスファルト混合物について見ていきます。

4-1

アスファルトとは

　アスファルトとは、タール、ピッチと共に炭化水素を主成分とする黒または暗褐色の粘着性物質で、瀝青（ビチューメン：bitumen）の一種です。常温では固体または半固体、あるいは粘性の高い液体ですが、熱を加えると容易に溶解します。

▶▶ 石油アスファルト

　原油成分の中で、アスファルトは沸点が高く、蒸留することで残留分として得られます。天然アスファルトは軽質分が自然作用による蒸留によって得られ、**石油アスファルト**は、石油の精製工程で原油を石油ガス、ガソリン、灯油、軽油、重油などに分留することで得られます。石油から精製された**ストレートアスファルト**は、低温では固化し、常温でも粘度が高い液状でほとんど流動しません。この性質を改善するために、溶剤抽出や空気酸化などの処理や、灯油による希釈混合が行われます。

　今日、一般に使われるアスファルトは、石油アスファルトがほとんどを占めており、石油を産出しない日本では、通常、アスファルトとは石油アスファルトを指します。

　アスファルトの、建設材料としての現在の用途は、道路、空港の舗装材が最も多く、その他、防水性の点から建造物の防水材や堤防の表面の防水、あるいは目地材、鉄筋などの防錆材としても使われています。

　アスファルトが道路舗装材として本格的に使用されるようになったのは1870年代以降のことで、ロンドン、ワシントン、ニューヨークで施工が始まりました。国内では、1878（明治11）年に東京の神田昌平橋の路面舗装に初めてアスファルト舗装が施工されました。国内での石油アスファルトの製造は、1908（明治41）にアメリカ産の原油を使用して製造したのが最初です。

　なお、ヨーロッパでは、アスファルトとは骨材を混入したアスファルト混合物を指し、国内におけるアスファルトに相当する用語としては、瀝青（ビチューメン）が使われています。

4-2

アスファルトの製造

石油アスファルトは、原油を蒸留する精製工程から製造されます。原油の蒸留は2段階に分けて行われます。最初に原油を直接加熱蒸留する常圧蒸留を行って軽質留分を蒸留し、次いで減圧蒸留で重質留分を減圧して蒸留します。

▶▶ 製造工程

最初の常圧蒸留では、250～300℃程度に加熱された原油が常圧蒸留装置に送られて蒸留され、LPG、ナフサ、ガソリン、灯油、軽油など沸点の比較的低い成分が分留されます。この常圧蒸留において残留した重質留分をさらに加熱して、減圧蒸留装置で蒸留することで、重油、潤滑油、およびアスファルトなどが分留されます。

原油は産出場所によって成分などが異なるため、原油精製の設備、装置の構成は、それぞれの原油の性質に合わせて異なります。一般に重質な原油ほどアスファルトの抽出率が高くなります。

アスファルトの製造工程

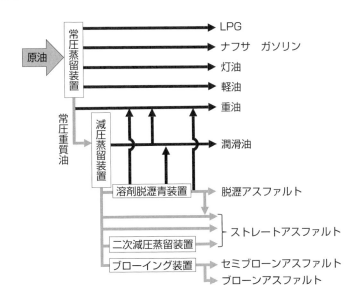

4-3

アスファルトの品質

アスファルトは産地や精製方法などによって性質が異なり、さらに温度変化によって各特性値は変化します。このため、広範囲の温度における性質を把握して、目的に応じた条件に適合するアスファルトを使用する必要があります。

▶▶ アスファルトの区分

アスファルトは、原油産地や石油精製方法によって異なる性質を示します。このため建設材料としての利用において、適切な品質を安定的に確保するためには、アスファルトの性質を特定する必要があります。このために各種の試験が行われます。

アスファルトの品質については、JISに規格があり、針入度（25℃）によって区分されたストレートアスファルト10種類、ブローンアスファルト5種類について、軟化点温度（℃）の範囲、伸度（cm）の下限値、トルエン可溶分（質量%）の下限値、引火点（℃）下限値、その他によって区分されています。

 COLUMN **現存国内最古級のアスファルト舗装**

東京の明治神宮外苑の聖徳記念絵画館前の道路舗装は、1926（大正15）年に施工された、現存する国内最古級の車道アスファルト舗装です。

秋田県産のアスファルトを使用して、15cm厚の粗粒度アスファルトコンクリートの上に5cm厚のアスファルトモルタルを敷きならし、2層同時に転圧するワービットという工法で施工されました。現在では、保存のため表面はインターロッキングブロック舗装で覆われて

いますが、一部は展示用に露出されており、当時の舗装を見ることができます。

▼国内最古級のアスファルト舗装

ストレートアスファルト、ブローンアスファルトの品質（JIS K 2207）

種類	針入度(25℃)	軟化点℃	伸度(15℃)cm	伸度(25℃)cm	トルエン可溶分質量%	引火点℃	薄膜加熱 質量変化率質量%	薄膜加熱 針入度残留率%	蒸発 質量変化率質量%	蒸発 蒸発後の針入度比%	針入度指数	密度(15℃)g/cm³
0~10	0以上10以下	55.0以上	—	—	99.0以上	260以上	—	—	0.3以下	110以下	—	1.000以上
10~20	10を超え20以下	55.0以上	—	5以上	99.0以上	260以上	—	—	0.3以下	110以下	—	1.000以上
20~40	20を超え40以下	50.0~65.0	—	50以上	99.0以上	260以上	—	—	0.3以下	110以下	—	1.000以上
40~60	40を超え60以下	47.0~55.0	10以上	—	99.0以上	260以上	0.6以下	58以上	—	—	—	1.000以上
60~80	60を超え80以下	44.0~52.0	100以上	—	99.0以上	260以上	0.6以下	55以上	—	—	—	1.000以上
80~100	80を超え100以下	42.0~50.0	100以上	—	99.0以上	260以上	0.6以下	50以上	—	—	—	1.000以上
100~120	100を超え120以下	40.0~50.0	100以上	—	99.0以上	260以上	0.6以下	—	—	—	—	1.000以上
120~150	120を超え150以下	38.0~48.0	100以上	—	99.0以上	260以上	0.6以下	—	—	—	—	1.000以上
150~200	150を超え200以下	30.0~45.0	—	—	99.0以上	240以上	—	—	0.5以下	—	—	1.000以上
200~300	200を超え300以下	—	—	—	99.0以上	210以上	—	—	1.0以下	—	—	1.000以上
0~5	0以上5以下	130.0以上	—	—	98.5以上	210以上	—	—	0.5以下	—	—	—
5~10	5を超え10以下	110.0以上	—	0以上	98.5以上	210以上	—	—	0.5以下	—	3.0以上	—
10~20	10を超え20以下	90.0以上	—	1以上	98.5以上	210以上	—	—	0.5以下	—	3.5以上	—
20~30	20を超え30以下	80.0以上	—	2以上	98.5以上	210以上	—	—	0.5以下	—	2.5以上	—
30~40	30を超え40以下	65.0以上	—	3以上	98.5以上	210以上	—	—	0.5以下	—	1.0以上	—

（上段10行：ストレートアスファルト　下段5行：ブローンアスファルト）

第4章　アスファルト

　使用頻度の高い舗装用アスファルトについては、JISで規定されるアスファルトの各特性値によって、使用目的に応じた目安が示されています。

	種類 項目	40~60	60~80	80~100	100~120
針入度 (25℃) 1/10mm		40を超え 60以下	60を超え 80以下	80を超え 100以下	100を超え 120以下
軟化点℃		47.0~55.0	44.0~52.0	42.0~50.0	40.0~50.0
伸度 (15℃)		10以上	100以上	100以上	100以上
トルエン可溶分%		99.0以降	99.0以降	99.0以降	99.0以降
引火点℃		260以上	260以上	260以上	260以上
薄膜加熱質量変化率%		0.6以下	0.6以下	0.6以下	0.6以下
薄膜加熱針入度残留率%		58以上	55以上	50以上	50以上
蒸発後の針入度比%		110以下	110以下	110以下	110以下
密度 (15℃) g/cm³		1000以上	1000以上	1000以上	1000以上
用途		一般地域用 (耐流動)	一般地域用 寒冷地用 (耐流動)	寒冷地用	寒冷地用 (低温クラック)

舗装用石油アスファルトの規格と使用目的の目安

(アスファルトの基礎知識〈その3〉、日本アスファルト協会)

4-4

アスファルトの試験法

使用目的に応じたアスファルトの種類を選定するためには、硬さ、粘度などの性質を把握することが必要となります。このため、針入度、軟化点、伸度などの各種のアスファルト試験が行われます。

▶▶ 針入度

針入度とは、舗装用アスファルト（ストレートアスファルト）の等級分けに使用する、アスファルトの硬さを評価する指標です。この針入度を測定する方法がアスファルト針入度試験です。針入度は、25℃の室温において所定の容器に入れたアスファルトに対する標準針の貫入量をもって表します。規定の針に100gの重りをつけ、5秒間貫入させたときの値を貫入量として1/10mm単位で計測します。針入度はこの計測値から0.1mmを1単位として示したものです。貫入量が小さいほど針入度は小さく、アスファルトの硬度は高いことになります。

アスファルト針入度試験（JIS K 2207）

100g 5秒間作用

貫入針

試料アスファルト

▶▶ 軟化点

軟化点とは、アスファルトの軟化のしやすさを示す指標であり、温度上昇によってアスファルトが一定の軟度となるときの温度で示します。この温度（℃）を測定する試験が軟化点試験です。軟化点は、舗装用アスファルトの性能評価の項目の1つであり、ポリマー改質アスファルトを分類する場合の基準として用いられています。水中において、所定の寸法の環の中に詰められたアスファルト供試体の上に、質量3.5gの球をのせて、水温を一定速度で上昇させます。供試体の球と共に降下し始めたアスファルトの沈下量が25.4mmになったときの温度をもって軟化点とします。

舗装用アスファルトの場合、軟化点が高いほど舗装は流動化しにくいことになります。

軟化点試験（環球法）（JIS K 2207）

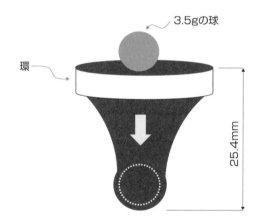

▶▶ 伸度

伸度とは、アスファルトの伸びやすさを示す指標です。型枠に試料のアスファルトを、最狭部の断面積が1cm²でダンベル形状となるように成型し、15℃および25℃において、毎分5cmの速度で引張力を加え、供試体が切断するまでに伸びた量をcm単位で測定して示した値です。アスファルトの凝集性やたわみ性、ひび割れ抵抗性の指標として用いられます。

伸度試験 (JIS K 2207)

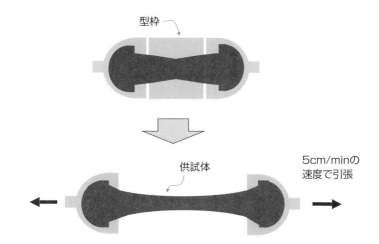

型枠

供試体

5cm/minの
速度で引張

▶▶ トルエン可溶分

アスファルトをトルエンに溶解させて残存する不純物の量を測定することで、アスファルトの純度の指標とします。純度が高いほど、溶解度が高く不純物は少なくなります。可溶分を質量％で示します。

▶▶ 引火点

アスファルトの引火温度は、精製過程で加熱する際の安全性の指標となります。規定量試料のアスファルトを一定の上昇率で加熱し、アスファルトから発生する蒸気に引火するときの温度（℃）を引火点とします。

▶▶ 薄膜加熱

アスファルトの試料を薄膜状にして一定時間加熱することで、その前後の質量変化、針入度を計測し、加熱による劣化程度を評価します。質量変化量を質量％で示します。

▶▶ 蒸発質量変化率

試料のアスファルトを加熱し、蒸発による加熱前後の質量の変化、および針入度の変化より、熱安定性および耐分離性を評価します。分離傾向の大きいアスファルトの場合は、加熱前後の質量および針入度の変化率が高くなります。質量変化量を質量％で示します。

▶▶ 粘度

粘度はアスファルトの粘りの度合いの指標です。特定の温度で規定の毛細管を流れるのに要する時間をもって粘度を測定します。高温（120〜200℃）における場合は、毛管式粘度計に注入されたアスファルトが、試験容器内の規定された区間を流下する時間をもって示します。60℃における粘度の測定も同様に、試験容器内のある区間を流下する時間で測定します。

以上の試験以外にも、加圧劣化試験（PAV）、ダイナミックシェアレオメータ（DSR）試験、ベンディングビームレオメータ（BBR）試験、曲げ試験などによって、品質評価のためにアスファルトの性質を調べる試験方法があります。

4-5

各種アスファルト

アスファルトは天然アスファルトと石油アスファルトに大別され、原料や精製方法によってさらに細かく種類が分かれます。使用量は石油アスファルトが最も多く、通常はアスファルトというと石油アスファルトを指します。

▶▶ 石油アスファルト

石油アスファルトは、石油を分留して製造されるアスファルトで、ストレートアスファルトとブローンアスファルトの2種類があります。一般に使用されるアスファルトとしては、ストレートアスファルトが大部分を占めています。

ストレートアスファルトは、原油を常圧蒸留して、軽質なLPG、ナフサ、ガソリン、灯油、軽油などが留出され、残留した常圧重質油からさらに重油、潤滑油を減圧蒸留して、最終的に残留する重質油（減圧残油）です。軟化点が低く、伸び、付着性が大きく、温度変化に対して非常に敏感です。道路舗装用に多く使われています。

これに、揮発性の石油、ガソリンなどの溶剤を混合して液状にしたものを、**カットバックアスファルト**といいます。常温で液状となるため、これに骨材を混合して、アスファルト乳剤と同様に道路舗装に使用されます。溶剤としてガソリンを混合したものをRC、ケロシンと混合したものをMC、重油を混合したものをSCといいます。

ブローンアスファルトは、ストレートアスファルトに200〜300℃の温度で空気を吹き込む（ブローイング）ことで空気酸化処理をしたものです。ストレートアスファルトが温度に敏感であるのに対して、比較的感温性が小さく軟化点は高く常温では固体で、伸び、付着性も大きくはありません。弾力性があり、防熱性や耐水性が高い性質から、防水用や目地に使われます。

▶▶ 天然アスファルト

天然アスファルトは、国内では産出しませんが、産出国では古くから利用されています。地下から自然に流出したものが溜まった状態、あるいは砂や岩にしみ込んだ状態で産出されます。**レイクアスファルト**は、湧出したアスファルトが溜まったものであり、**ロックアスファルト**や**オイルサンド**は、岩や砂にしみ込んだものです。

アスファルタイトは、ロックアスファルトが熱変成を受けたものです。北米ユタ州産出のギルソナイト、キューバー、メキシコで産出するグラハマイト、西インド諸島産出のグランスピッチなどがあります。

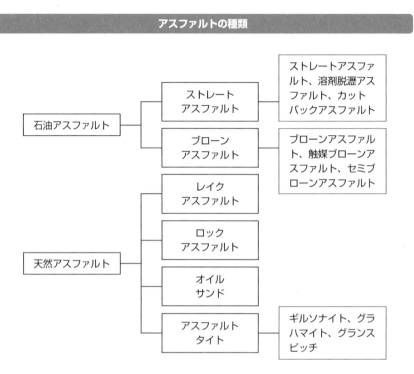

アスファルトの種類

▶▶ アスファルト乳剤

常温で半固形のストレートアスファルトやブローンアスファルトの粘度を低下させて液状にしたものが、**アスファルト乳剤**です。アスファルト乳剤は、アスファルトに水と乳化剤を加えて、アスファルトを微粒子として分散させることで、粘度を低下させたものです。舗装材として施工したのちに水分が蒸発して粘性が戻ることで、アスファルトの性能を発揮します。

カットバックアスファルトが揮発油を用いるのに対し、アスファルト乳剤は、水を用いていることから大気汚染の問題がありません。アスファルト乳剤は、骨材のバインダーとして、あるいはコンクリート面などとアスファルト混合物の付着を改善するために利用されます。道路舗装では、主として路盤表面やアスファルト混合物とコンクリート間の付着のためのタックコートに使われます。

アスファルト乳剤は、使用する乳化剤によってアスファルト粒子表面の電荷の違いが生じ、その違いによって、カチオン系、アニオン系、ノニオン系の種類に分かれます。これらの中で、国内の道路舗装では、接着性が優れることからカチオン系が最も多く使われています。また、使用法の違いにより、表面に散布してしみ込ませる浸透式、骨材と混合して使用する混合式でも区別されます。

JIS規格（JIS K 2208）では、アスファルト表面の電荷の違い、および、使用法の違いの組み合わせにより、アスファルト乳剤の8つの種類が定められ、品質および性能が規定されています。

アスファルト乳剤の種類（JIS K 2208）

種類			記号	用途
カチオン乳剤	浸透用	1号	PK-1	温暖期浸透用および表面処理用
		2号	PK-2	寒冷期浸透用および表面処理用
		3号	PK-3	プライムコート用およびセメント安定処理層養生用
		4号	PK-4	タックコート用
	混合用	1号	MK-1	粗粒度骨材混合用
		2号	MK-2	密粒度骨材混合用
		3号	MK-3	土混り骨材混合用
ノニオン乳剤	混合用	1号	MN-1	セメント・アスファルト乳剤安定処理混合用

備考
P：浸透用乳剤 (Penetrating Emulsion)
M：混合用乳剤 (Mixing Emulsion)
K：カチオン乳剤 (Kationic Emulsion)
N：ノニオン乳剤 (Nonionic Emulsion)

第4章 アスファルト

アスファルト乳剤の品質および性能（JIS K 2208）

項目　　　種類および記号	カチオン乳剤							ノニオン乳剤
	PK-1	PK-2	PK-3	PK-4	MK-1	MK-2	MK-3	MN-1
エングラー度（25℃）	3～15		1～6		3～40			2～30
ふるい残留分（1.18mm）重量%	0.3以下							
付着度	2/3以上				—			
粗粒度骨材混合率	—				均等であること	—		
密粒度骨材混合率	—					均等であること	—	
土混り骨材混合性 重量%	—						5以下	—
セメント混合性 重量%	—							1.0以下
粒子の電荷	陽（+）							—
蒸発残留分 重量%	60以上		50以上		57以上			57以上
蒸発残留物 — 針入度（25℃）1/10mm	100を超え200以下	150を超え300以下	100を超え300以下	60を超え150以下	60を超え200以下	60を超え200以下	60を超え300以下	60を超え300以下
蒸発残留物 — トルエン可溶分 重量%	98以上				97以上			97以上
貯蔵安定度（24hr）重量%	1以下							
凍結安定度（-5℃）	—	粗粒子、塊のないこと	—					

改質アスファルト

　改質アスファルトとは、耐流動性、耐摩耗性、耐剥離性、骨材との付着性、たわみ追従性などを高めて、舗装道路における流動、わだち掘れ、ひび割れなどを防ぐために改質したアスファルトです。

　改質アスファルトの種類には、ポリマー、ゴムなどの高分子材料をストレートアスファルトに混合して改質した**ポリマー改質アスファルト**と、ストレートアスファルトに低い温度で空気を吹き込んで改質した**セミブローンアスファルト**などがあります。国内では、ポリマー改質アスファルトが改質アスファルトとして広く使われています。

　ポリマー改質アスファルトに使用される添加物としては、ゴム系や、熱可塑性のエラストマー、あるいは樹脂などがあります。ゴム系は常温で弾性を示しますが、熱可塑性のエラストマーおよび樹脂は高温になると軟化して塑性を示します。

　これらの添加物の種類や量を変えて混合することで、軟化点やタフネスなどの性状が変化し、アスファルト混合物の塑性変形や摩耗に対する抵抗性が改善します。ポリマー改質アスファルトにはⅠ型、Ⅱ型、Ⅲ型、H型の４種類があり、Ⅰ型、Ⅱ型、Ⅲ型はポリマーの添加量の違いで区分され、密粒度、細粒度、粗粒度等の混合物に多く用いられています。Ⅲ型の中でも、Ⅲ-W型はコンクリート床版の橋面舗装用として特に耐水性を向上させ、Ⅲ-WF型は鋼床版の橋面舗装用として耐水性と共にたわみ性を向上させたタイプです。H型は、ポリマーの添加量が多く高弾性で、ポーラスアスファルト混合物に用いられています。H-F型は寒冷地用に特にたわみ性を向上させたタイプです。

　セミブローンアスファルトは、感温性を改善して粘度を高めた改質アスファルトで、耐流動性に優れ、わだち掘れへの抵抗性を改善して、特に大型車両の交通量が多い舗装道路への利用を目的として開発されたものです。

改質アスファルトの種類と使用目的の目安

種類	ポリマー改質アスファルト							セミブローンアスファルト	硬質アスファルト	グースアスファルト
付加記号	I型	II型	III型	III-W	III-WF	H型	H-F			
適用混合物	密粒度、細粒度、粗粒度等の混合物が多い。I型、II型、III型は主にポリマーの添加量が異なる							密粒度や粗粒度等の混合物に用いられる。ポリマーの添加量が多いポリマー改質アスファルト	ポーラスアスファルト混合物に用いること	グースアスファルト混合物に用いる改質性を改良した形アスファルト
主な適用箇所 ／ 混合物機能										
塑性変形抵抗性　一般的な箇所	◎									
塑性変形抵抗性　大型交通車両が多い箇所		◎				◎	◎			
塑性変形抵抗性　大型車交通量が著しく多い箇所および交差点			◎	○	○	○	○	◎		
磨耗抵抗性	◎	◎	○	○	○					
骨材飛散抵抗性　積雪寒冷地域		○	○	○		○	○			
耐水性				◎	○					
たわみ追従性　橋面（コンクリート床版）										
たわみ追従性　橋面（鋼床版）たわみ小					◎	○			◎（基層）	◎（基層）
たわみ追従性　橋面（鋼床版）たわみ大					◎				◎（基層）	◎（基層）
排水性（透水性）										

凡例 ◎：適用性が高い、○：適用は可能、無印：適用は考えられるが検討は必要
（資料「改質アスファルトの名称」・標準的性状の変更について、日本改質アスファルト協会技術委員会）

アスファルト混合物

アスファルト混合物 (asphalt mixture) は、アスファルトコンクリート、あるいはアスファルト合材とも呼ばれ、主に道路や空港のアスファルト舗装、ダムの遮水層などに使われる複合材料です。

▶▶ アスファルト混合物の構成

アスファルト混合物は、バインダーとしてのアスファルトとそれに混合する砕石・砂などの骨材、フィラーで構成されます。

アスファルト混合物の構成材の重量比率は、90%程度を粗骨材および細骨材が占め、5%程度がフィラー (石粉)、残りの5%程度がアスファルトです。骨材が構成物としてのほとんどを占めることから、アスファルト混合物の品質や性能は、粗骨材、細骨材、フィラーの品質に大きく影響を受けます。

粗骨材は、2.36mmのふるいにとどまり適度な粒度を持ち、硬く均質な骨材で、一般に砕石が使用されます。細骨材は、2.36mmのふるいを通過し、75μmのふるいにとどまる骨材で、粗骨材の隙間を充填して舗装の安定性を確保し、水の浸入を防ぐ働きがあります。フィラーは、75μmふるいを通過する鉱物質微粉末で、骨材間の空隙を充填する働きを持ちます。一般には石灰岩の粉末が使用されます。

これらの骨材やフィラーをアスファルトと混合したものが、アスファルト混合物です。常温で混合する常温アスファルト混合物および加熱して混合する過熱アスファルト混合物がありますが、通常は、アスファルトプラントで製造される加熱アスファルトが用いられます。

アスファルトプラントは、骨材の乾燥や加熱製造、貯蔵の温度管理の設備を備え、プラントで製造されたアスファルト混合物はダンプトラックで工事現場へ運搬されます。施工では、アスファルトフィニッシャにより所定の厚さで平坦に敷きならされ、締め固められます。この間の温度低下、溶剤の蒸発によって骨材相互の結合が強固になり一体化して、複合材としてのアスファルトコンクリートとなります。

▶▶ アスファルト混合物の種類

●常温アスファルト混合物

　常温アスファルト混合物は、アスファルト乳剤やカットバックアスファルトなど常温で液体のアスファルトを、骨材と混合したものです。常温で貯蔵すること可能であり、施工も加熱せずにできることから、温度管理が不要で施工が容易という利点があります。ただし、耐久性は過熱アスファルト混合物より低いため、水道やガスの埋設管路工事の仮舗装など小規模な舗装、あるいはプラントでの加熱アスファルトの入手が困難な地域における小規模な舗装補修などで使用されます。

　常温アスファルト混合物の種類としては、カットバックアスファルト系、アスファルト乳剤系、および反応型樹脂系があります。

●加熱アスファルト混合物

　加熱アスファルト混合物は、骨材の粒度範囲（通過質量百分率）によって、密粒度、細粒度、粗粒度、開粒度に区分されます。また、アスファルト舗装の要求性能に応じて、骨材の最大粒径20mmあるいは13mmとして使い分けがなされています。最大粒径が20mmの場合は、アスファルト舗装の耐流動性、耐摩耗性、すべり抵抗性が高くなる傾向があり、13mmの場合は、耐水性やひび割れに対する抵抗性に優れる傾向があります。アスファルトについては通常、ストレートアスファルトが使用されますが、使用環境や交通条件などに応じて特性を改善するために改質アスファルトが使用されることもあります。

　密粒度アスファルト混合物および**細粒度アスファルト混合物**は、最も一般的なアスファルト混合物であり、道路舗装の表層に用いられます。骨材のふるい目2.36mm通過量35〜50％というのが密粒度アスファルト混合物であり、骨材の最大粒径20mmのものと13mmのものがあります。これに対し、細粒度アスファルト混合物は、骨材の最大粒径が通常13mmで、骨材のふるい目2.36mm通過量が50％以上と、密粒度アスファルト混合物よりも細骨材分が多く含まれます。水密性が高く、ひび割れが発生しにくい性質があり、主に歩道部の舗装に用いられます。

　密粒度アスファルト混合物と細粒度アスファルト混合物にはそれぞれ、ギャップ型とF型があります。ギャップ型は、特にすべり抵抗や流動性などを改善する場合

に用いられます。またF型は、フィラーの配合を多くして耐摩耗性、水密性を高め、チェーンを装着した車両への対磨耗対策として用いられます。

　粗粒度アスファルト混合物は、一般的なアスファルト舗装の基層に用いられるアスファルト混合物です。骨材の最大粒径は20mmで、骨材のふるい目2.36mm通過量が20〜35%です。

　開粒度アスファルト混合物は、空隙率の大きなアスファルト混合物で、歩道用の透水性舗装や車道のすべり止め、車両走行音の抑制などの目的で舗装の表層に用いられます。骨材の最大粒径は通常13mmで、ふるい目2.36mm通過量は15〜30%、アスファルト量は3.5〜5.5%程度です。

　ポーラスアスファルト混合物は、特殊な混和材を使用することで空隙率を大きくしたもので、開粒度アスファルト混合物の一種です。高い空隙率から透水性舗装や排水性舗装に使用されます。骨材の最大粒径20mmのものと13mmのものがあります。空隙からの水の浸入を防ぎ、耐流動性を高めるために高弾性の改質アスファルトが用いられます。

　以上のように、骨材の最大粒径、粒度範囲、配合などを変更することでそれぞれの特性を備えたアスファルト混合物は、舗装の要求性能、適用箇所、交通条件、気象条件、施工条件などを勘案して選定されます。

主な舗装アスファルト混合物の種類

使用地域／使用箇所	一般地域	積雪寒冷地域
表層	密粒度アスファルト混合物 (20、13)	密粒度アスファルト混合物 (20F、13F)
	細粒度アスファルト混合物 (13)	細粒度ギャップアスファルト混合物 (13F)
	密粒度ギャップアスファルト混合物 (13)	細粒度アスファルト混合物 (13F)
	開粒度アスファルト混合物 (13)	密粒度ギャップアスファルト混合物 (13F)
	ポーラスアスファルト混合物 (20、13)	
基層	粗粒度アスファルト混合物 (20)	

注（）内の数字は最大粒径、FはF型を示す

MEMO

第 5 章

高分子材料

　高分子材料は石油化学の発達と共に、建設材料を含む様々な分野に新たな素材を提供してきました。建設分野の材料では、既設構造物の補修・補強用として、あるいは従来の材料に代わるものとして、高分子材料の利用が進んでいます。本章では、建設材料としての高分子材料の種類や構造、それらの力学的特性、用途などについて学びます。

5-1

高分子材料とは

　高分子材料とは、一般には分子量が 10^4 を超える巨大な分子の化合物で構成される材料で、低分子材料のモノマー（monomer）が多数（ポリ）重合反応を経て結合することから、**ポリマー**（polymer）と呼ばれています。

▶▶ 高分子材料の種類

　高分子材料には、天然高分子材料と合成高分子材料があり、それぞれ無機、有機のものがあります。自然に産出される無機の石綿、雲母、ベントナイトや、有機のデンプン、セルロースなどは天然高分子に属しますが、これら以外の石油由来の多くの高分子材料は、すべて合成高分子材料です。これらは天然素材を代替しながら開発されたもので、今日では、使用する高分子材料のほとんどを合成高分子材料が占めています。このため、通常、高分子材料というと合成高分子材料を指します。

　合成高分子材料のうち無機のものとしては、連続繊維補強材として使われるガラス繊維、炭素繊維などがあります。エポキシ、ポリエチレン、ウレタンなどの合成樹脂や、ナイロン、アラミドなどの合成繊維、および合成ゴムなどは、有機合成高分子材料に区分されます。これらの有機高分子材料は、現在、建設材料として最も多く使われる高分子材料です。

▶▶ 高分子材料の特徴

　高分子材料の基本的な特徴としては、加工性、軽量性および強度があります。既存の材料を置き換える目的で開発されてきた高分子材料は、既存の材料と性能を対比することでその特徴が示されますが、金属などの材料と比べると、加工性が良いことや、軽量な割に比較的強度が高いことなどがあげられます。

　加工性の良さは成型の容易さに基づきます。熱可塑性樹脂であれば、金属やガラスに比べてはるかに低温の100〜200℃で溶融することができます。溶剤に溶解することも可能であり、原料・半原料の段階でも流動性があって生産工程での扱いが容易で、金型に流し込んで成型するなど効率的な加工が可能です。

高分子材料の種類

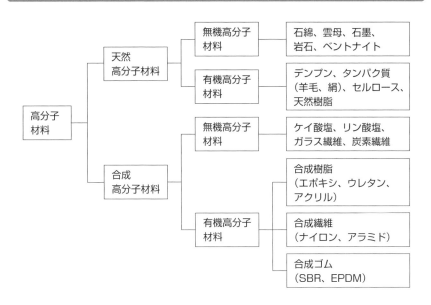

　軽量性については、多くの高分子材料の比重は1〜1.5程度であり、7.85の鉄鋼、2.7のアルミニウムといった金属材料に比べるとはるかに軽量です。強度を持たせるために充填材を加えると比重が2.0を超える高分子材料もありますが、ポリエチレンやポリプロピレンなど1.0以下のものもあります。発泡製品として加工すれば、比重は0.1近くになるものもあり、配合や製法によって重量を変化させることも可能です。

　強度については、汎用プラスチックやゴムなどの高分子材料では、強度はあまり大きくありませんが、ガラス繊維や炭素繊維などの充填材を添加することで、強度を上げることができます。このほかにも、高分子材料の特徴として、耐水性、防水性、耐食性が良いこと、電気・熱の絶縁性、非磁性、あるいは大きなゴム弾性、接着性能があげられます。

　一方、鉄鋼やコンクリートに比べて、一般に弾性係数が小さく、熱膨張係数が大きいこと、硬度が小さいことなど、構造材としての弱点もあります。高分子材料は、これらの特性に応じて後述するような各種の建設材料への応用がなされています。

高分子材料の構造と力学的性質

高分子材料は、巨大な分子構造で構成され、ポリ塩化ビニルなどの熱可塑性樹脂や、エポキシなどの熱硬化性樹脂、合成ゴムなど多くの種類があります。高分子材料は、これらの種類に応じて多様な力学的性質を持ちます。

▶▶ 高分子材料の構造

高分子は、同一または複数種類の原子あるいは原子団が、互いに数多く繰り返し連結していることを特徴とする物質です。ポリエチレンのような一般的な高分子材料は、炭素・水素原子が主成分で、主として炭素原子が骨格となって、モノマー（単量体）が共有結合によって長くつながった分子鎖からなります。

低分子の場合は条件によって固体、液体、気体と変化しますが、高分子では、液体あるいは固体で、気体になることはありません。高分子の固体は、低分子とは異なりすべてが結晶化する完全結晶にはならず、結晶性の部分と非晶性の部分で構成されます。

高分子材料の構造

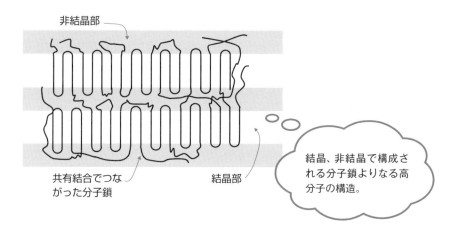

非結晶部

共有結合でつながった分子鎖

結晶部

結晶、非結晶で構成される分子鎖よりなる高分子の構造。

高分子材料の力学的性質

●強度特性

高分子材料は種類が多様であり力学的性質も様々で、強度特性についても、低密度ポリエチレンやシリコンゴムのように引張強度が10 N/mm^{2}未満の材料から、ポリエーテルエーテルケトンのようなその10倍以上となる材料まで、種類によってかなり幅があります。強度は、炭素繊維やガラス繊維による強化や、充填材を加える方法により、さらに大きくすることが可能です。また高分子材料には、コンクリートに見られる「圧縮強度に対して引張強度が極端に低い」というような作用力の種類による偏りはあまりありません。

硬さについては、金属やガラスに比べると小さく、建築材料などに使われる最も硬度の高いメラミン樹脂でも、ロックウェル硬度（Mスケール）で塩化ビニルのM70、アクリルのM100程度に対しM115からM125程度です。

●応力‒ひずみ特性

高分子材料の応力‒ひずみ曲線も、種類によって様々です。高分子材料は、低い応力レベルでは高分子鎖の原子間の間隔が拡大して線形の変化をみせますが、より高い応力レベルでは力を除去したあと、すぐにはひずみは回復せずに非線形となります。

このように高分子材料では、フックの法則に従う線形の領域は、応力が低いレベルに限られているため、通常、高分子材料のヤング係数は、原点付近のごく低い応力レベルでの応力‒ひずみ曲線の勾配から求めます。

脆い性質の高分子材料では、降伏点前後で破断に至るものもありますが、伸び変形のある軟らかく粘り強いタイプの高分子材料では、降伏点を超えて応力をさらに上げると、高分子鎖間にすべりが生じて塑性変形が起き、応力が低下します。高分子鎖は、応力レベルが低い段階では絡み合った状態ですが、力が増加すると次第に直線状となり、塑性域に入ってさらに変位を加え続けると、高分子鎖にファンデルワールス力（分子間力）が作用し、応力‒ひずみ曲線の勾配が増加する変化を示します。このような応力‒ひずみ特性を示す高分子材料には、熱可塑性樹脂に属する、ナイロン、軟質塩化ビニル樹脂、ポリエチレン、ポリプロピレンなどがあります。

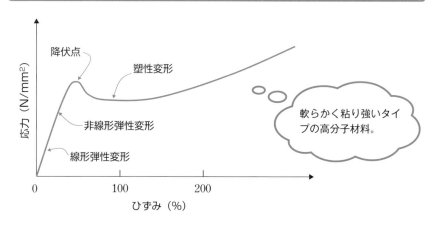

これ以外の高分子材料のタイプを、応力‒ひずみの関係から大まかに区分すると、硬く脆いタイプ、硬く強いタイプ、硬く粘り強いタイプ、軟らかく大きく伸びるタイプに分けられます。

硬く脆いタイプは、応力‒ひずみ曲線の勾配が大きく、曲線部分がほとんどありません。ヤング係数は大きいですが、破壊までのエネルギー吸収が小さく粘りのない脆いタイプです。このような応力‒ひずみ特性を示す高分子材料には、ポリスチレン樹脂、メタクリル樹脂、フェノール樹脂などがあります。

硬く強いタイプは、同様に、ヤング係数が大きく、降伏点付近で破断しますが、引張強さが大きくて破壊に要するエネルギーが中程度です。このような応力‒ひずみ特性を示す高分子材料には、硬質塩化ビニル樹脂、AS樹脂などがあります。

硬く粘り強いタイプは、ヤング係数が大きく降伏強さも高く、かつ、伸びと引張強さも大きく、破壊に要するエネルギーが大きいタイプです。このような応力‒ひずみ特性を示す高分子材料には、ABS樹脂、各種のエンジニアリングプラスチックがあります。

軟らかく大きく伸びるタイプは、引張強さは小さく、ヤング係数も極端に小さく、伸びも非常に大きいタイプです。このような応力‒ひずみ特性を示す高分子材料には、様々なゴムがあります。

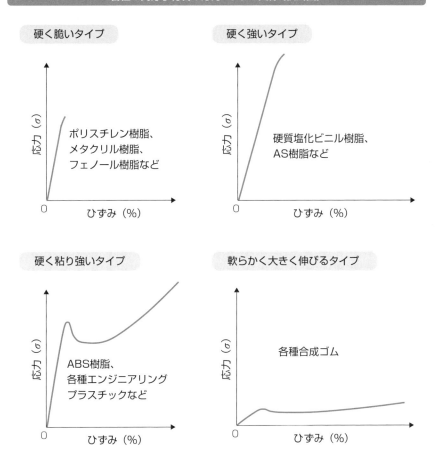

各種の高分子材料の応力−ひずみ曲線（模式図）

硬く脆いタイプ

応力（σ）
ひずみ（%）

ポリスチレン樹脂、
メタクリル樹脂、
フェノール樹脂など

硬く強いタイプ

応力（σ）
ひずみ（%）

硬質塩化ビニル樹脂、
AS樹脂など

硬く粘り強いタイプ

応力（σ）
ひずみ（%）

ABS樹脂、
各種エンジニアリング
プラスチックなど

軟らかく大きく伸びるタイプ

応力（σ）
ひずみ（%）

各種合成ゴム

第5章　高分子材料

　なお、応力−ひずみの挙動は、温度とひずみ速度の影響も受けます。温度が高い、あるいはひずみ速度が小さい場合はより延性的となり、応力に対してひずみの大きな、横長な応力−ひずみ曲線となります。これに対し、温度が低い、あるいはひずみ速度が大きい場合は、応力に対してひずみが小さい応力−ひずみ曲線となり、破断ひずみは小さく、より脆性的な性質を示します。

●クリープ

　高分子材料は、成型が容易であるために加工性が良い半面、継続的に力を受けると常温でも力を除去したあとにひずみが残留し、**クリープ**が発生します。耐クリープ特性は、熱可塑性樹脂よりも、熱硬化性樹脂の方が高くなります。高分子材料のクリープは、粘性流動により発生することからコールドフローともいわれます。沈埋トンネル函体の継手部のガスケットなどのゴム部材や、橋梁用ゴム支承など継続的な作用力がある場合は、クリープ特性に対して留意が必要となります。

●耐衝撃性

　粘性流動を起こす高分子材料であっても、作用力が衝撃的で短時間に作用する場合は、高分子鎖がその作用力に追随してひずむことができずに、脆性的に破壊を起こします。

　熱可塑性樹脂の**ABS樹脂**は、耐衝撃性を向上させるためにアクリロニトリル（acrylonitrile）、およびスチレン（styrene）に、耐衝撃性の高いブタジエン（butadiene）を化学的に結合することで開発された材料です。

5-3

各種の有機高分子材料

　有機高分子材料は、大別すると熱可塑性樹脂、熱硬化性樹脂などの合成樹脂、スチレンブタジエンゴム、クロロプレンゴムなどの合成ゴム、そしてアラミド繊維や炭素繊維などの合成繊維に分類されます。

▶▶ 合成樹脂

●合成樹脂の種類

　合成樹脂は、合成繊維、合成ゴムと共に有機高分子材料の一種で、主に原油を蒸留して得られるナフサを原料とするモノマーを重合反応で連結してポリマーとしたものに添加剤を加えて製造されます。合成樹脂は、熱可塑性樹脂と熱硬化性樹脂に分けられますが、現在では、合成樹脂全体の約80％を熱可塑性樹脂が占めています。

　熱可塑性樹脂の主な種類には、ポリエチレン樹脂、ポリスチレン樹脂、ポリプロピレン樹脂、ポリ塩化ビニル樹脂、ABS樹脂などがあり、熱硬化性樹脂には、シリコン樹脂、ポリウレタン樹脂、メラミン樹脂、エポキシ樹脂などがあります。

●熱可塑性樹脂と熱硬化性樹脂の性質

　熱可塑性樹脂は、熱を加えていったん加工したあとに、再加熱すると軟化・溶融する性質があります。これに対し**熱硬化性樹脂**は、一度硬化すると、再加熱しても軟化・溶融せずに逆に硬化し、さらに加熱すれば形状を変えることなく熱分解して炭化します。

　この熱可塑性樹脂と熱硬化性樹脂の熱に対する挙動の違いは、高分子の構造の違いによります。熱可塑性樹脂では、分子鎖が1次元の線状で相互に結合せずに結合力が弱く、加熱に対しても分子鎖の運動が活発化して分子鎖相互は自由に動く状態となり、軟化・溶融という可塑的性質を示します。これに対し熱硬化性樹脂は、分子鎖相互が連結（架橋）されて、3次元的な網状を形成して、分子間の結合力が強く、加熱に対しても溶解することはありません。

　熱可塑性樹脂は、加熱で軟化する加工性の良さから、大量生産の成型品の用途に向いています。熱硬化性樹脂は、熱可塑性樹脂に比べると硬化反応に時間がかり、成型加工の生産性は低いものの、弾性、耐久性、耐熱性、強度、硬度などが求められる用途に使われます。

　主な熱可塑性樹脂の引張強度は、おおむね20〜60 N/mm^{2}程度ですが、熱硬化性樹脂では30〜90 N/mm^{2}程度とやや高く、ガラス繊維強化のエポキシ樹脂や、不飽和ポリエステル樹脂では、200 N/mm^{2}を超えるものもあります。

線状高分子と網状高分子の構造

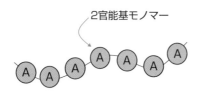

2官能基モノマー

線状高分子

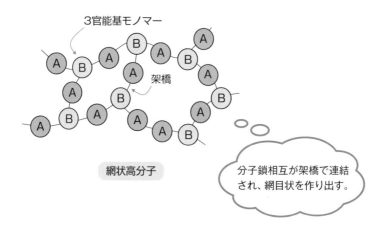

3官能基モノマー

架橋

網状高分子

分子鎖相互が架橋で連結され、網目状を作り出す。

熱可塑性樹脂の力学的性質

合成樹脂名	強度 (N/mm²)			弾性係数 kN/mm²	熱膨張係数 10⁻⁵/℃	密度 Mg/cm³
	引張	曲げ	圧縮			
ポリエチレン樹脂 (高密度)	20.6～37.3	9.8	15.7	0.5～1.0	11～13	0.94～0.97
ポリスチレン樹脂 (非充填)	24.5～45.1	34.3～68.6	27.5～61.8	2.1～3.1	3.4～21	0.98～1.10
ポリプロピレン樹脂	29.4～39.2	41.2～53.9	58.8～68.6	0.9～1.4	11	0.90～0.91
ポリ塩化ビニル樹脂	34.3～61.8	68.6～107.9	54.9～89.2	2.4～4.1	5～18	1.23～1.45
フッ素樹脂	39.3	56.9	220.5～551.1	1.4～2.1	4.5～7.0	2.1
メタクリル樹脂	45.1～75.5	89.2～107.9	82.4～123.6	2.9～3.4	5～9	1.18～1.19
ポリカーボネート樹脂	57.9～64.7	75.5～89.2	75.7～	2.2～	7	1.20～1.40
ABS樹脂	61.8	109.8～130.4	75.5～103.0	3.0～3.4	5～9	1.03～1.07

熱硬化性樹脂の力学的性質

合成樹脂名	強度 (N/mm²)			弾性係数 kN/mm²	熱膨張係数 10⁻⁵/℃	密度 Mg/cm³
	引張	曲げ	圧縮			
シリコン樹脂 (ガラス繊維強化)	27.5～34.3	68.6～96.1	68.6～104.0	－	0.8	1.68～2.0
ポリウレタン樹脂	29.4～78.5	4.9～29.4	49.0～147.1	0.7～6.9	－	1.0～1.3
尿素 (ユリア) 樹脂 (セルロース強化)	39.2～88.3	68.6～107.9	171.6～304.0	6.9～10.3	2.7	1.4～1.5
フェノール樹脂 (非充填)	41.2～61.8	75.5～117.7	82.4～104.0	2.7～3.4	6～8	1.30～1.32
メラミン樹脂 (セルロース充填)	48.1～89.2	68.6～110.8	172.6～296.2	8.2～9.6	4.0	1.4～1.5
エポキシ樹脂 (ガラス繊維強化)	96.1～200.9	137.3～205.9	205.9～255.0	20.6	2.5～3.3	1.8～2.3
不飽和ポリエステル樹脂 (ガラス繊維強化)	166.7～205.9	68.6～274.6	98.1～205.9	5.5～13.7	2.5～3.3	1.5～2.3

　合成樹脂の用途としては、水道管その他各種の合成樹脂製品のほか、ジオグリッドによる盛土安定化、路盤シートによる路盤性状の改良、港湾分野での防砂シートによる消波ブロックの洗屈防止、あるいは薬液注入材など広範な建設分野に使用されます。

　このほか、既設コンクリート構造物などの外面からの補修に用いる補修材としては、非常に広い範囲で使われています。コンクリートのひび割れ注入（補修接着剤）、橋梁の床版や橋脚の補強、コンクリートの表面被覆材、コンクリート継目の漏水防止などがあります。

　コンクリート床版やコンクリート橋脚では、老朽化対策や耐震補強で多用されている鋼板接着工法の充填材としての使用例が数多くあります。

　後述する連続繊維補強材と共に、海洋構造物やトンネルライニング、埋設型枠などに、鉄筋や網筋の代替の補強材として使用されています。炭素繊維、ガラス繊維などの連続繊維をグリット状に樹脂に含浸させて一体成型したFRP格子を用いる方法、あるいはFRPシートを既設コンクリート躯体に貼り付けて一体化処理を行って補強する方法もあります。鉄筋コンクリート橋梁の橋脚・床版の補強やひび割れ抑制の目的で利用されています。

　また、鉄筋コンクリートの橋脚などに鑽孔（さんこう）して連続繊維を挿入し、プレストレスをかけて補強する工法の例もあります。

合成樹脂の主な建設用途

用途	利用法、硬化など
ジオグリッドによる盛土補強	盛土内部に層状にジオグリッドを敷き詰めて、ひずみ拘束で盛土を自立・安定化
各種塩化ビニル管、硬質ポリエチレン管	水道給水管、送水管、配水管、電纜管（でんらん）など
路盤補強材、路盤シート	軟弱地盤に透水性シートを敷設材として使用し安定化
エポキシ樹脂接着剤	コンクリートタンクの防食ライニング、カルバート継目の防水、コンクリート打ち継ぎ接着
樹脂接着系アンカー	既設コンクリート壁面へのあと施工アンカー
水ガラス系、ウレタン系薬液注入剤	地盤支持力増加、液状化防止など地盤性状改善
防砂シート	護岸の吸い出し防止、消波ブロック等の洗掘防止

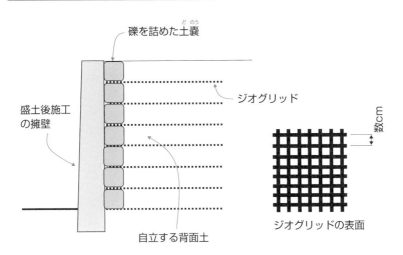

ジオグリッドによる盛土補強

礫を詰めた土嚢

盛土後施工
の擁壁

ジオグリッド

数cm

自立する背面土

ジオグリッドの表面

▶▶ 合成ゴム

●合成ゴムの種類

合成ゴムは、エチレン、プロピレン、ブタジエンなどの分子量の小さい分子化合物のモノマーを重合反応することで製造されます。合成ゴムは、原料や製造法の違いによって、製造される種類が多く性質も多様です。

主な合成ゴムを区分すると、化学構造からジエン系 (R)、オレフィン系 (M)、多硫化物系 (T)、有機ケイ素化合物系 (Q)、フッ素化合物系 (FK-)、ウレタン系 (U)、およびエーテル系 (O) に分類されます。ジエン系にはスチレンブタジエンゴム等、オレフィン系にはブチルゴム等、多硫化物系にはポリサルファイド、有機ケイ素化合物系にはシリコンゴム、フッ素化合物系にはフッ素ゴム、ウレタン系にはウレタンゴムなどがあります。

用途別には、スチレンブタジエンゴム (SBR)、ブタジエンゴム (BR)、イソプレンゴム (IR) など使用量の多い汎用ゴム、およびアクリルゴム (ACM)、フッ素ゴム (FKM)、シリコンゴム (Q) など耐油性・耐熱性といった特殊な機能を加えた特殊ゴムに分類されます。汎用ゴムの中で、特にスチレンブタジエンゴム (SBR) は、強度や加工性、経済性の点から優れ、合成ゴム全体の生産量のほぼ50%を占めています。

合成ゴムの種類

系	名称	略号 （ASTM規格による）
ジエン系 (R)	スチレンブタジエンゴム (styrene-butadiene rubber)	SBR
	イソプレンゴム (天然ゴムと同じ) (cis-1,4-polyisoprene)	IR
	クロロプレンゴム (polychloroprene)	CR
	ニトリルゴム (acrylonitrile-butadiene rubber)	NBR
	ポリブタジエン (polybutadiene)	BR
	スチレンブタジエン熱可塑性ゴム (styrene-butadiene thermoelastomer)	SBR
オレフィン系 (M)	ブチルゴム (isoprene-isobutylene rubber)	HR
	エチレンプロピレンゴム (ethylene-propylene rubber)	EPR (EPDM、EPT)
	クロロスルホン化ポリエチレン (ハイパロン) (chlorosulfonated polyethylene)	CSM
	ポリイソプレン (polyisoprene)	—
多硫化物系 (T)	ポリサルファイド (チオコール) (polysulphide)	—
有機ケイ素化合物系 (Q)	シリコンゴム (silicone rubber)	SI
フッ素化合物系 (FK-)	フッ素ゴム (fluoroelastomer)	—
ウレタン系 (U)	ウレタンゴム (urethane rubber)	—

●合成ゴムの性質

　合成ゴムに引張力を加えると大きなひずみが発生しますが、ある時点で力を除去すると、ひずみはゼロに戻ります。ひずみは、金属なら1〜2%程度ですが、ゴムでは数百%にもなります。ゴムに引張力を加え続けると、ひずみの増加率が徐々に低下し、大きなひずみを発生して破断に至りますが、破断に至る直前までの一定区間は、弾性係数が増加して応力−ひずみ曲線が下に凸の形状となります。大きなひずみの発生、および破断直前の弾性係数の増加は、合成ゴムの高分子鎖の形の変化によるものです。応力レベルが低い状態では、高分子鎖はコイル状に丸まっていますが、丸まった分子鎖が次第にほどけて、ひずみが増加し続けます。さらに力が大きくなると、高分子鎖相互の架橋結合が、ひずみの増加に抵抗するようになります。

合成ゴムの弾性係数の変化（模式図）

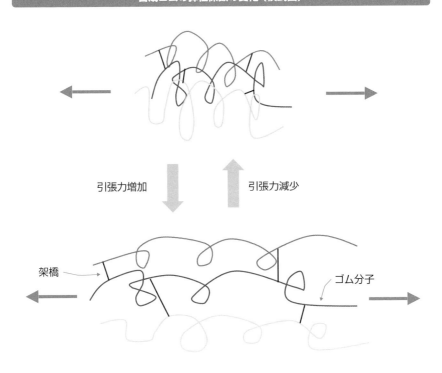

引張力増加　　　　　引張力減少

架橋

ゴム分子

　合成ゴムの力学的性質は、種類によって異なりますが、最も多く使われている汎用ゴムのスチレンブタジエンゴムの場合で、引張強度は4〜21N/mm²程度、伸びは600〜2000%程度です。

合成ゴムの力学的性質

種類	引張強度（N/mm²）	伸び（%）	密度（Mg/m³）
イソプレンゴム	21	800	0.93
スチレンブタジエンゴム	4〜21	600〜2,000	1.0
シリコンゴム	2.4〜7	100〜700	1.5

　合成ゴムの建設材料としての用途には、橋梁用ゴム支承、伸縮装置、港湾海洋構造物での各種防舷材、緩衝材、ダンパー、水門、樋門の戸当り部、ゴム堰堤などがあります。

合成ゴムの建設材料への主な用途

適用構造物等	使用箇所、方法、目的
橋梁用支承	固定・可動支承、水平力分散、免震用支承
橋梁用伸縮継手	中・小伸縮量の鋼、RC橋用
港湾・海洋施設	緩衝材、防舷材、ダンパー、浮桟橋固定箇所
水門、防水扉、堰堤	防水扉、水門扉の戸当り部防水、ゴム堰の堤体
沈埋函バルクヘッド、伸縮継手	防水、変位吸収
鉄道道床	衝撃吸収、防振用バラストマット
コンクリート目地	セグメント等防水シール材、シーリング材
アスファルト舗装	ラテックス舗装材を改質材として添加、耐磨耗性、耐久性向上

▶▶ 合成繊維

　合成繊維は、合成樹脂と同様に合成高分子を素材とした高分子材料ですが、規則正しく配列した線状の高分子構造で、形状が細い繊維状である点が異なります。主な合成繊維としては、ポリエステル、ポリアミド、アクリル、ポリプロピレン、ポリビニルアルコールなどと、アラミド繊維、炭素繊維があります。これらのうち、ポリエステル、ポリアミド、アクリルは、弾性係数は小さいものの引張強度ほぼ鉄鋼に匹敵します。

　アラミド繊維と炭素繊維については、金属繊維のボロン繊維と共に、高い引張強度、弾性係数を持ち、**スーパー繊維**と呼ばれています。アラミド繊維はポリアミドの一種の芳香族ポリアミドで、炭素繊維は、ポリアクリロニトリル（PAN）繊維あるいはピッチ繊維を炭化して製造したものです。これらのスーパー繊維は、高い強度、弾性率から複合材料として使われています。

主な合成繊維の力学的性質

種類	引張強度 (N/mm²)	弾性係数 (kN/mm²)	密度 (Mg/m³)	備考
ポリエステル繊維	410〜900	2.1〜4.5	1.28	
ポリアミド繊維	480〜830	0.9〜3.0	1.09〜1.14	
アクリル繊維	410〜760	2.0〜3.4	1.18〜1.19	
アラミド繊維	2,800	63.5	1.44	Kevlar 29（ブランド名）
	2,800	133	1.45	Kevlar 49（ブランド名）
炭素繊維	2,500	220	1.78	PAN系高強度品
	2,000	370	1.9	PAN系高弾性率品
	2,500	210	2.0	ピッチ系高強度品
	2,100	280	2.05	ピッチ系高弾性率品

5-4

高分子材料の複合材料

　高分子材料を使用した複合材料には、合成樹脂を合成繊維の束に含浸させた連続繊維補強材、合成繊維とプラスチックを複合化した繊維強化プラスチック、そしてコンクリートをポリマーで補強したポリマーコンクリートがあります。

▶▶ 連続繊維補強材

　連続繊維補強材（continuous fiber reinforcing materials）とは、炭素繊維、アラミド繊維、ガラス繊維などの束に合成樹脂を含浸したもので、鋼材に代わって適用される例もみられます。連続繊維補強材の形状は、棒状のものから、格子状、あるいは織物のようなシート状のものまで使用されています。

　これらの連続繊維補強材の特徴は、引張強度が鋼材と同等あるいは鋼材以上と高く、密度は1〜2 Mg/m^{3}程度で鋼材の1/6〜1/4程度以下と軽量である点にあります。このため、比強度（強度/比重）は鋼材よりも大きく、炭素繊維、アラミド繊維については、比弾性率（弾性率/比重）も鋼材よりも大きくなっています。また、非磁性で耐食性、耐候性が高いことも鋼材より優れている点です。ただし、引張弾性率は鋼材の1/7〜2/3と小さいため、PC鋼材に代わりコンクリートの緊張材として使用する場合、ひび割れの発生に注意をする必要があります。

各連続繊維補強材の特性

	アラミド (AFRP)	ガラス (GFRP)	炭素 (CFRP)	PC鋼縒り線
比重	1.3	1.7〜1.9	1.5	7.85
引張強度 (N/mm^2)	1,400〜1,800	600〜900	1,900〜2,300	1,750〜1,900
引張弾性率 (GPa)	50〜70	30	130〜420	196
破断伸び (%)	2〜4	2	1.5〜3	3.5〜6
リラクゼーション (%)	5〜15	10	1.5〜3	1〜2
熱膨張係数 (10^{-6}/℃)	-2〜-5	9	0.6	12
耐食性	○	○	○	×
非磁性	○	○	○	×

各連続繊維補強材の応力-ひずみ曲線

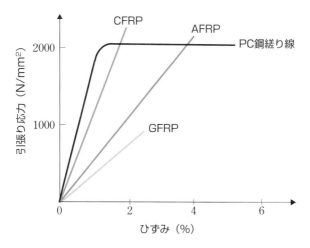

（新領域土木工学ハンドブック、13 新機能材料、土木学会〈一部変更〉）

▶▶ 繊維強化プラスチック

　繊維をプラスチックの中に入れる複合化によって機械的性質や熱的性質を強化したものが**繊維強化プラスチック（FRP**＊**）**です。強化のための繊維としては、ガラス繊維、炭素繊維、アラミド繊維、ボロン繊維などが使用されています。

　最も多く使用されているのが、不飽和ポリエステル樹脂とガラス繊維を組み合わせた**ガラス繊維強化プラスチック（GFRP**＊**）**です。軽量で耐食性があり、機械的性質も優れていて経済性があります。

＊ **FRP**　Fiber Reinforced Plastics の略。
＊ **GFRP**　Glass Fiber Reinforced Plastics の略。

第5章　高分子材料

▶▶ ポリマーコンクリート

①種類

　コンクリートは大きな圧縮強度に対して引張強度、伸びが小さく、また多孔質で乾燥収縮が大きい性質があります。構造材としてのこれらの欠点を合成高分子材料で補うものが**ポリマーコンクリート**です。ポリマーコンクリートには、ポリマーの添加方法の違いからポリマーセメントコンクリート、レジンコンクリート、およびポリマー含浸コンクリートの3種類があります。

②ポリマーセメントコンクリート

　ポリマーセメントコンクリートは、セメントコンクリートあるいはモルタルの練混ぜをするときに、ポリマーを混和材として添加するものです。混和材としては、有機化合物の分子の重合で生成した水性ポリマーディスパージョンのSBR（スチレンブタジエンゴムラテックス）、PVAC（ポリ酢酸ビニル）、PAE（ポリアクリル酸エステル）が使用されます。ポリマーセメントコンクリートの性質は、水セメント比と共に、添加するポリマーの量の影響を大きく受けます。添加量は通常、ポリマーセメント比（樹脂固形分のセメントに対する重量比）で5〜30%の範囲です。アメリカの橋梁用床版のポリマーセメントコンクリートの配合例では、15%のポリマーセメント比が推奨されています。

　ポリマーセメント比が大きくなると流動性が改善され、水セメント比を減少することができます。また保水性も増大することにより、材料分離、ブリージングが少なくなります。硬化後にはポリマーがセメントの水和組織と一体化するために、強度、特に曲げ強度が大きくなり、伸びも増加する傾向があります。多孔質が改善されるために水密性、耐薬品性が高まります。

ポリマーセメントコンクリートの配合例（ACI推奨の橋床版用配合）

単位セメント量（kg/mm³）	414
細骨材率（%）	55〜65
ポリマーセメント比（%）	15
水セメント比（%）	25〜60
空気量（%）	6

③ポリマー含浸コンクリート

　ポリマー含浸コンクリートは、硬化したコンクリートにポリマーを高圧で浸透させて重合硬化させるものです。含浸用のモノマーは低粘度のビニル系化合物のメタクリル酸メチル（MMA）、スチレンなどで、これに重合用の触媒としてアゾビスイソブチロニトリル（AIBN）が使用されます。

　ポリマー含浸コンクリートの性質は、ポリマー含浸率（基材コンクリートの乾燥重量に対するポリマーの重量％）、含浸深さなどの影響を受け、圧縮、曲げ、引張強度が大きく、気密性、水密性に優れ、耐薬品性、耐候性が高いという特徴があります。

　ポリマー含浸コンクリートは、温度・湿度管理のできる工場でオートクレーブ養生の二次コンクリート製品として製造されるほか、常温常圧の条件による含浸方法で現場においても適用されます。

ポリマー含浸コンクリートの製造工程（工場）

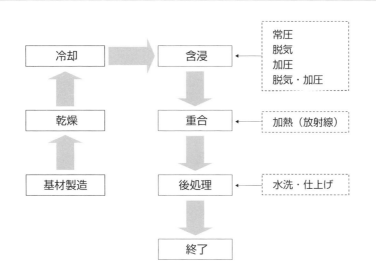

④レジンコンクリート

レジンコンクリートは、一般のコンクリートのセメント系結合材をすべてポリマーに置き換えたものです。通常のコンクリートがセメントの水和反応によって凝結・硬化するのに対し、レジンコンクリートは分子の重合反応を利用しており、凝結・硬化のメカニズムが異なります。

レジンコンクリートに使用するポリマー結合材は多種ありますが、最も一般的なのは熱硬化性樹脂の不飽和ポリエステル樹脂（UP）で、その他、エポキシ樹脂（EP）、メタクリル酸メチル（MMA）などが使用されます。

レジンコンクリートは、ポリマー結合材、充填材、および細・粗骨材で構成され、一般的な配合は、結合材1に対して、充填材1〜1.5、細・粗骨材8〜8.5程度です。充填材には重質炭酸カルシウム、微分末シリカ、フライアッシュなどが使用されます。

レジンコンクリートの性質として、セメントコンクリートに比べ、強度が高く伸びが大きく強度の発現が早いという特徴があります。水密性、気密性が高く、耐薬品性、耐候性に優れています。ただし、発熱量が高く硬化時の収縮が大きい傾向があり、耐火性は低く温度依存性が高いという物性があります。

レジンコンクリート用ポリマー結合材の種類

区分	名称
熱硬化性樹脂	不飽和ポリエステル（UP）
	エポキシ（EP）
	フラン（フルフラールアセトンなど）
	ポリウレタン（PUR）
	フェノール（PF）
タール変性樹脂	タールエポキシ
	タールウレタン
ビニルモノマー	メタクリル酸メチル（MMA）
	グリセリンメタクリル酸メチル−スチレン

木材および石材

建設材料としての木材は、建築分野では広く使われていますが、土木分野では景観あるいは間伐材利用など特別な条件での使用に限られています。石材についても、コンクリートの骨材、河川・港湾分野での捨石やケーソン中詰材などのほかには、文化財の石造建造物の修復など限定的です。本章では木材、石材の種類と基本的な性質について概説します。

6-1

木材の種類と組織

　木材は、軽量な建設材料として、建築分野で広く使われています。木材の組織は細長い細胞よりなるセルロースの高分子鎖で構成されますが、物理的性質、強度、加工性、耐朽性などは種類によって異なります。

▶▶ 種類

　樹木の種類には、針葉樹と広葉樹があります。針葉樹には、アカマツ、クロマツ、エゾマツ、スギ、モミなどがあり、広葉樹には、ミズナラ、ブナ、ケヤキ、カバ、ラワンなどがあります。針葉樹の多くは、直線的な幹を持ち葉が針のように細長い裸子植物球果植物門の樹木で、温帯北部から冷帯を中心に分布します。広葉樹は、葉が広く平たい被子植物の樹木で、亜熱帯から暖温帯、冷温帯を中心に分布します。

　針葉樹と広葉樹は、幹や葉の見かけの形状が異なると共に、樹木の内部組織にも違いがあります。針葉樹は小さめの樹幹で明瞭な年輪があり、細胞組織の構造が広葉樹よりも単純です。細胞組織間には、形成後すぐに原形質を失い死細胞となった空気を通す穴が無数にあり、生理活動を担う生きた柔細胞の比率は5％以下です。これに対し広葉樹は、道管、仮道管、木繊維、柔細胞と構成細胞の種類が多く複雑で、柔細胞の比率も10〜30％程度あります。また、広葉樹はラワンなど熱帯生育のものでは年輪がないものもあります。

　このような組織の違いにより、針葉樹は広葉樹よりも細胞密度が低く広葉樹は密度が高くなり、通常、広葉樹は材質が硬く重いのに対し針葉樹は柔らかく軽い材質です。この性質の違いにより、土木分野の建設材料としては、杭、枕木、電柱、橋桁などの用途に主に針葉樹の木材が使われてきました。

▶▶ 組織

　　樹木の組織は、複数の層で形成されています。樹木の断面のうち、最外層は**樹皮**であり、その直下は成長中の部分で**形成層**です。周辺部は白色、中心部は濃い色なので容易に識別できます。この白色の部分は**辺材**と呼び、根から葉へ水を吸い上げていたところです。中心部の濃い色の部分が**心材**です。この部分は辺材が水を吸収し成長していても組織細胞はすでに死んでおり、樹液は辺材より少なく、断面直角方向の引張強度は高くなっています。

　　形成層の細胞は季節によって成長の速度が異なり、成長の早い春季には細胞径が大きく、組織は粗くて色は薄くなります。一方、夏以降秋季は細胞径が小さく緻密な組織となります。それぞれを春材（または早材）および秋材（夏材、晩材）と呼びます。

樹木の組織構造

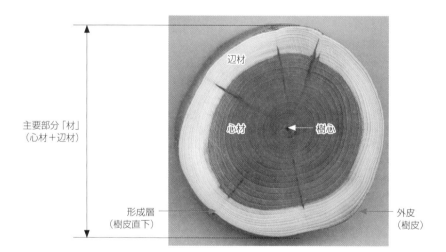

第6章　木材および石材

　樹木を構成する主要な化合物はセルロース、ヘミセルロースおよびリグニンです。セルロースは樹木の細胞壁の主要成分です。セルロースの長い高分子鎖が樹木の微小繊維の壁を作り出し、木材の引張強さなどの物性はこのセルロースによります。セルロースは樹木組成の約40〜50%を占め、そのほかに多糖の混合物で半結晶性のヘミセルロースが20〜25%、大きな3次元高分子のリグニンが25〜30%で構成されます。さらに、数%のターペン、タンニン、ポリフェノールなど細胞壁中に存在する低分子物質の抽出成分があります。

樹木の細胞壁の構造

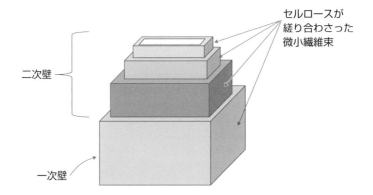

製材

切り出す木材を想定して伐採された原木は、製材に先立って樹皮を除去する原木剥皮が行われます。次いで、利用目的に応じて裁断手順や採材の位置などを決定して加工が行われます。

▶▶ 木取り

製材とは、原木を丸太、板材、角材に加工する工程です。**木取り**ともいう、使用する木材を所定の形状で原木から切り出すやり方次第で、特に木目との関係によって木材の性質は大きく変わってきます。

原木の軸の方向に、年輪と直交するように切り出した板材が**柾目**（まさめ）で、年輪と平行に切り出した板材が**板目**です。柾目は、木材表面の木理（もくり）が平行になっており、伸縮が一様という性質があります。板目は、原木からの木取りの歩留まりが良い半面、収縮により反りが出る欠点があります。また、四面すべての面に柾目が表れる角材を**四方柾**（しほうまさ）といいます。

原木からの木取りの種類

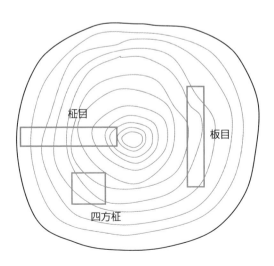

柾目

板目

四方柾

6-3

木材の性質と強度特性

木材の性質は、同じ木材でも木取りにおける繊維・年輪との角度や木材中の水分量で大きく変化します。特に水分は、質量や密度に影響を及ぼすだけでなく、強度特性や力学的性質に影響します。

▶▶ 木材の性質

木材は吸湿性の材料であることから水分を吸収し、含まれる水分量は、木材の性質に大きく影響します。木材中の水分には、細胞の外側にある自由水と、細胞壁に取り込まれている結合水があります。材料の性質に影響を与える水分量はこの結合水です。「自由水がすべて失われ、かつ、結合水がすべて存在する状態」を繊維飽和点と呼び、通常の木材では含水率27%程度です。

木材の**含水率**は、水分を含まない木材と水分の質量の割合で示されます。木材の乾燥状態については、通常の大気と平衡状態にある場合を気乾状態と呼び、このときの含水率を気乾含水率と定義します。日本では13〜15%の範囲にあり、JISでは、木材の性質を比較するための含水率として、15±2%を標準含水率と規定しています。

木材は乾燥するに従って性質が変化しますが、特に繊維飽和点を超えてさらに水分が失われると急速に変化します。弾性係数は含水率の±1%の変化に対して±0.3%増減します。また、強度については、含水率が1%減少すると**圧縮強度**は5%、繊維方向の引張強度は3%、直角方向が1.5%、割裂強度が0.6%、疲労限度は3.5〜4%増加します。

含水率と圧縮強度の関係

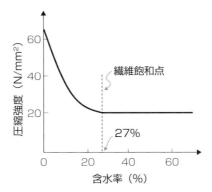

木材の強度は、木材が異方性の材料であることから、作用方向により異なります。木材の細胞壁中の繊維は縦方向に並んでおり、繊維の軸に直角な方向で壁細胞の破壊が起きやすく、力の作用方向が繊維の軸方向に近くなるほど強度は大きくなります。特に圧縮力よりも引張力の方が、力の作用方向の影響がより大きくなる傾向があります。

力の作用方向と強度の関係

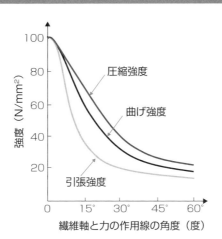

▶▶ 木材の強度特性

　代表的な樹種の木材強度は、繊維方向で圧縮強度がおおむね25〜70 N/mm^2、引張強度はこれより大きくおおむね30〜160 N/mm^{2}の範囲にあります。繊維と直角方向の強度はこれよりはるかに小さく、圧縮強度で10〜13%、引張強度で年輪の半径方向の場合は3〜25%となります。

　繊維方向の力を作用させた場合の応力-ひずみ曲線は、ある応力レベルまでは直線変化を示します。この場合の比例限度は、引張力を作用させた場合は引張強度の60%程度、圧縮力の場合は圧縮強度の30〜50%程度です。

各種木材の機械的性質

樹種	強度（N/mm^2）			曲げ弾性係数 kN/mm^2	密度 Mg/cm^3
	引張	曲げ	圧縮		
スギ	51.5〜75	30〜75	26〜41.5	5〜10	0.33〜0.44
ヒノキ	85〜150	51〜85	39〜40	5.5〜11.5	0.34〜0.47
モミ	70〜143	55〜95	28.5〜55	5〜12	0.36〜0.59
ツガ	70〜140	45〜105	42〜69	6.5〜12	0.47〜0.60
カラマツ	32.5〜64	32〜82.5	30〜61	6〜10.5	0.41〜0.62
アカマツ	84〜186	36〜118	37〜53	7.5〜13.5	0.43〜0.65
クロマツ	32.4〜64	73.5〜93	48.5〜63.5	9〜11.5	0.57〜0.66
トドマツ	46〜120	35〜65	23〜38	6〜9	0.32〜0.40
エゾマツ	85〜160	38〜80	28〜45	6.5〜11	0.36〜0.45
ベイマツ	105	72	43	12.7	0.55

木材の応力-ひずみ曲線

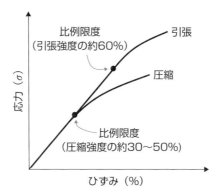

JASでは、建築物の構造耐力上主要な部分に使用する針葉樹の木材を、構造用製材として、目視による目視等級区分ならびに弾性係数を測定する機械等級区分が規定されています。目視による方法は、節の有無や節による欠損、割れの程度、年輪間隔をもとに、曲げ性能が必要な部材用を甲種構造材、圧縮性能が必要な部材用を乙種構造材と区分するもので、それぞれ1級から3級まであります。

　機械等級による方法では、曲げ試験で測定した弾性係数によって3.9 kN/mm^{2}以上を6段階に区分して規定しています。

建築構造用製材の機械等級区分　（JAS 1083）

等級	曲げ弾性係数（GPaまたはkN/mm^2）
E50	3.9〜5.9
E70	5.9〜7.8
E90	7.8〜9.8
E110	9.8〜11.8
E130	11.8〜13.7
E150	13.7〜

第6章　木材および石材

　木材の引張強度を鋼の引張強度と比較すると約1/6であり、圧縮強度をコンクリートのそれと比較すると約1/2です。これを比強度で見ると、それぞれ約3倍、3.4倍と、鋼より木材の方が大きくなります。弾性係数については、木材は鋼の約1/27、コンクリートの約1/5となります。この対比から、木材は軽い割に強度は高い材料ですが、弾性係数は極めて小さく、鋼、コンクリートの強度と弾性係数のバランスとは異なる材料であることがわかります。

木材の構造特性の比較

等級	木材 (スギ)		軟鋼		コンクリート	
		比強度		比強度		比強度
単位重量 (kN/m³)	4	―	77	―	23	―
引張強度 (N/mm²)	63	15.8	400	5.2	6	0.3
圧縮強度 (N/mm²)	34	8.5	400	5.2	60	2.6
曲げ強度 (N/mm²)	53	13.3	400	5.2	10	0.4
弾性係数 (kN/mm²)	7.5	―	200	―	35	―

ケンブリッジ大学の木橋

　イギリスのケンブリッジ大学クイーンズカレッジのキャンパスには、数学橋という名前の木橋があります。リブがトラスで補剛された木造アーチ橋です。

　橋の名前は、万有引力で有名なケンブリッジ大学出身の数学者、ニュートンにちなむといわれています。18世紀中ごろの創建で、その後、20世紀はじめに再建されたのが現在の橋です。

▼数学橋

6-4

石材の種類と分類

　岩石は地質学的には、火成岩、堆積岩、変成岩に分類されますが、岩石を建材として利用する石材は、用途に従って岩石の種類、形状、物理的性質などによって分類されます。

▶▶ 石材の種類

　石材の種類についてJISの規定（JIS A 5003）では、石材を岩石の種類、形状、および物理的性質によって分類します。岩石の種類による分類では、①花崗岩類、②安山岩類、③砂岩類、④粘板岩類、⑤凝灰岩類、⑥大理石類および蛇紋岩類の6つに分類します。

　花崗岩は主要構成鉱物の1/4程度が石英で、そのほかにカリ長石、斜長石、黒雲母、白雲母、普通角閃石などを含む火成岩です。含有鉱物の種類や比率は産地によって異なります。石英の含有量が多いものは硬く、長石が多いものは硬度が低くなります。

　安山岩は斑晶および石基として有色鉱物の角閃石、輝石、磁鉄鉱、無色鉱物の斜長石等を含む火成岩です。

　砂岩は堆積した砂粒子、シルト、粘土粒子が方解石や石英の粘着物質で硬化した堆積岩で、粘着物質の種類によって種類が分かれます。

　粘板岩は堆積岩が変成作用を受けたもので、圧密作用に垂直に薄くはがれます。石英、雲母、粘土鉱物、長石、赤鉄鉱、黄鉄鉱などがあります。

　凝灰岩は数mm以下の細かい火山灰が堆積して固化したもので、成分は火山由来ですが生成条件から堆積岩に分類されます。白色、灰色のほか様々な色があります。

　大理石は石灰岩が変成作用を受けてできた粗粒の方解石からなる岩石で、変成岩の一種です。**蛇紋岩**はカンラン石の変質により生じる蛇紋石が水と反応し、蛇紋岩化作用によって生成します。風化作用を受けやすく、脆い性質があります。

▶▶ 形状による分類

形状による分類では、**角石**、**板石**、**間知石**および割石の4つに分類されます。角石は幅が厚さの3倍以下の長さがあり、板石は厚さが15 cm以上で、幅が厚さの3倍以上とされています。間知石は面がほぼ方形に近く、控えの長さが面の辺長の1.5倍以上で4方落し、割石も面はほぼ方形ですが、控え長さは面の辺長の1.2倍以上で、2方落しとされています。

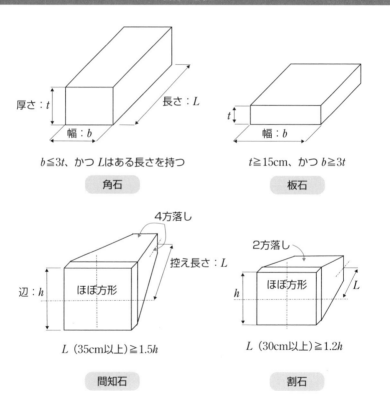

石材の形状

$b≦3t$、かつ L はある長さを持つ

角石

$t≧15cm$、かつ $b≧3t$

板石

4方落し

控え長さ : L

辺 : h

ほぼ方形

L（35cm以上）$≧1.5h$

間知石

2方落し

h

ほぼ方形

L

L（30cm以上）$≧1.2h$

割石

　物理的性質による分類では、圧縮強度によって硬石、準硬石および軟石に区分されています。圧縮強度が50 N/mm²以上を硬石、10～50 N/mm²を準硬石、10 N/mm²未満を軟石と区分します。

石材の圧縮強度による区分（JIS A 5003）

種類	圧縮強度（N/mm²）	参考値	
		吸水率（%）	見掛比重（g/m³）
硬石	50以上	5未満	約2.7～2.5
準硬石	10以上50未満	5以上15未満	約2.5～2
軟石	10未満	15以上	約2未満

 COLUMN

新橋・横浜間鉄道の高輪築堤

　高輪築堤は、東京の山手線新駅の高輪ゲートウェイ駅前で出土した、1872（明治5）年開通の国内初の鉄道路線の盛土遺構です。

　田町～品川区間は、陸軍の反対で路線決定が難航し、結局、海上路線に決定され、1871（明治4）年から翌年にかけて築堤されました。盛土の勾配は1：1.5で、当時海中であった法面の石材には、相模産の安山岩が使われています。

▼高輪築堤

6-5

石材の性質

　土木分野で使用する石材は、色や形状などの外観と共に、比重や強度、弾性係数、耐久性、加工性などの指標が着目されます。

▶▶ 各種指標

　石材は、一般には性質の違いから使い分けされ、**変成岩**が比較的多く使われ、次いで**火成岩**、**堆積岩**です。石材の性質は、比重、空隙率、吸水率、圧縮強度、耐久性、耐熱性などを指標にして表されます。これらの指標のうち比重、空隙率、吸水率、圧縮強度は相互に関連し、空隙率、吸水率が小さいほど比重は大きくなり、圧縮強度も高くなります。

　空隙率は火成岩、変成岩が小さく、堆積岩が大きい傾向があります。火成岩の安山岩の空隙率は0.1〜10%程度であるのに対し、堆積岩の砂岩では1.5〜25%程度と大きくなっています。

　圧縮強度は、構成粒子の結合力が強いほど、空隙率が低いほど、そして吸水率が低いほど大きくなる傾向があります。主な石材の圧縮強度は、火成岩の花崗岩、安山岩ではおおむね60〜250 N/mm² 程度、堆積岩の砂岩で25〜240 N/mm² 程度、石灰岩で50〜190 N/mm² 程度、変成岩の大理石で90〜230 N/mm² 程度の範囲にあります。

　耐久性は、石材自身の温度変化、周囲の気温・湿度の影響を受け、空気中、水中に含有する塩類の融解作用によって劣化の速度が変わります。潮位変化で断続的に海水の作用を受ける部位にある石材は、長年月の風化で侵食を受けます。熱に対しては、石材は一般に500℃程度まではほとんど影響を受けませんが、安山岩、砂岩、凝灰岩はそれ以上の高温に対しても耐力を維持するのに対して、花崗岩や大理石では一定温度を超えると急速に劣化します。

石材の性質

分類	種類	比重	強度 (N/mm²)			弾性係数 (×10⁴ N/mm²)	吸水率 (%)	空隙率 (%)
			圧縮	曲げ	引張			
火成岩	花崗岩	2.5〜3.0	63〜304	9〜20	2〜9	4.3〜6.1	0.2〜1.7	—
	安山岩	2.58〜2.75	57〜234	7〜18	3〜10	2.38〜4.04	0.49〜4.72	0.1〜10.8
	玄武岩	2.71〜3.10	47〜272	—	4〜8	9.69	1.4〜10.0	0.0〜22.0
堆積岩	凝灰岩	1.98〜2.43	9〜37	2〜6	1〜4	0.1〜1.01	8.2〜19.8	—
	砂岩	2.05〜2.67	27〜238	5〜9	3	1.72〜2.09	0.7〜13.8	1.6〜26.4
	石灰岩	2.4〜2.81	53〜189	—	4	3.0〜4.0	0.1〜3.4	—
変成岩	大理石	2.58〜2.74	94〜232	3〜31	4〜11	2.85〜8.4	0.1〜2.5	0.3〜2.0

第6章　木材および石材

6-6

石材の加工

石材の加工は、原石に対し石材表面の仕上げの程度によって、最も粗い割肌仕上げから、研磨による磨き仕上げまでの種類に分かれます。

▶▶ 加工程度による区分

JIS規格では、石材の種類のうち板石については、粗加工の程度によって区分しています。この石材の加工の種類には、その程度で粗仕上げから細かい仕上げまで、仕上げの加工の種類があります。表面の粗い順から、割肌仕上げ、のみ切仕上げ、ビシャン仕上げ、本磨き仕上げがあります。

割肌仕上げとは、原石に衝撃を加えて割り出したそのままの表面です。**のみ切仕上げ**とは、割肌面あるいはコブ出し面をのみを用いて粗く平坦に加工する仕上げであり、のみの種類で粗のみ、中のみ、上のみがあります。

ビシャン仕上げは、四角錐の突起の刃が群状にあるハンマー（bush hammer）で表面を平らに叩き上げる仕上げであり、ビシャンの目数によって緻密さの段階があります。

小叩き仕上げは、ビシャン仕上げ後にさらに先端がくさび状のハンマーで、約2ミリの平行線上に細かい粒の刻み目をつける仕上げです。

磨き仕上げは、砥石で研磨して平滑にする仕上げです。程度によって粗磨き、水磨き、艶出しの本磨きがあります。

石材加工の工程と種類

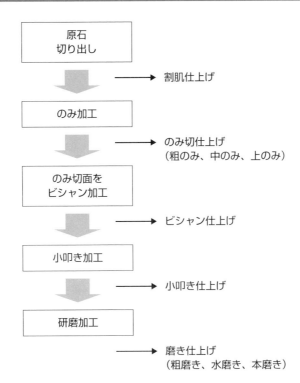

石造アーチの補修事例

　土木分野での近年の石材の使用事例では、城壁の石垣や石造アーチの補修などがあります。ここでは、文化財指定を受けている石造アーチの補修での石材の使用事例を示します。

▶▶ 常磐橋の復旧工事

　東京の日本橋川に架かる2連の石造アーチの常磐橋（1877〈明治10〉年建設、国指定史跡）は、東日本大震災で大きな被害を受け、この災害復旧工事が近年では数少ない石造橋梁の工事として2016年から2020年まで実施されました。

　復旧工事では、全体の約70%の石材がいったん解体・撤去され、基礎から修復されましたが、解体・撤去した石数は5400余りで、そのうち約1/4の1400個が劣化・損傷のため新規の石材に取り換えられています。

　もともとの石材は伊豆産の安山岩と瀬戸内産の花崗岩で、アーチの支点部や橋脚の水切部、路面の敷石、地覆には花崗岩、それ以外の箇所には安山岩が使われるなど、強度や意匠から使い分けがなされています。新規に交換した石材の産地は、ほぼもとの石材と同じもので、花崗岩は瀬戸内産、安山岩は静岡真鶴産が使用されました。新規石材は安山岩がアーチ部やスパンドレル（側壁）に使われ、花崗岩がアーチ支点部、水切石、路面に使われています。

補修工事終了後の全景（2020年11月撮影）

アーチ支点付近の積石（施工中 2018年9月撮影）

索 引
I N D E X

索
引

ま行

や行

索引

□参考文献

- 土木工学ハンドブックⅠ、04 土木材料、05 コンクリート、24 鋼構造、25 木構造、土木学会、技報堂出版、1989 年
- 土木工学ハンドブックⅡ、35 道路、38 空港、57 新技術開発 (新素材)、土木学会、技報堂出版、1989 年
- 新領域土木工学ハンドブック、Ⅲ.13 高機能材料、池田駿介他編、朝倉書店、2003 年
- 道路橋示書・同解説 Ⅲコンクリート橋・コンクリート部材編、日本道路協会、2017 年
- コンクリート標準示方書 施工編、2017 年制定、土木学会、2018 年
- コンクリート標準示方書 設計編、2017 年制定、土木学会、2018 年
- コンクリートの基礎講座（第 2 版）、建材試験センター、2015 年
- コンクリート混和材料ハンドブック、児島孝之監修、日本材料学会編集、エヌティーエス、2004 年
- カラー図解 鉄と鉄鋼がわかる本、新日鉄住金（株）編、日本実業出版社、2004 年
- 道路橋示書・同解説 Ⅱ鋼橋・鋼部材編 2017 改訂版、日本道路協会、2017 年
- 鋼道路橋防食便覧、日本道路協会、2014 年
- 鋼道路橋施工便覧、日本道路協会、2015 年
- 鋼構造学、原隆ほか著、コロナ社、2007 年
- 重防食塗装、日本鋼構造協会編、技報堂出版、2012 年
- デザインデータブック、日本橋梁建設協会編、2003 年
- 図解入門 土木技術者のための構造力学の基本と仕組み、五十畑弘著、秀和システム、2020 年
- ポリマー改質アスファルト ポケットガイド、日本改質アスファルト協会、2020 年
- アスファルトについて、入門講座 (http://askyo.jp/knowledge/index.html)、日本アスファルト協会（2021.5 閲覧）
- 舗装施工便覧、日本道路協会編、2006 年
- 舗装設計便覧、日本道路協会編、2006 年
- 舗装再生便覧、日本道路協会編、2010 年
- 建設材料 第 2 版、戸川一夫編著、森北出版、2012 年
- 土木材料学、川村満紀著、森北出版、1996 年
- 建設業ハンドブック 2020、日本建設業連合会編、2020 年
- 土木材料学（改訂版）、三浦尚著、コロナ社、2000 年
- 土木材料学、宮川豊章他著、朝倉書店、2012 年

索
引

■著者紹介

五十畑 弘（いそはた　ひろし）

1947年東京生まれ。1971年日本大学生産工学部土木工学科卒業。博士
（工学）、技術士、土木学会特別上級技術者、日本鋼管（株）で橋梁、鋼構造物
の設計・開発に従事。JFEエンジニアリング（株）主席を経て、2004年から
2018年まで日本大学生産工学部教授。2019年から道路文化研究所特別
顧問。2020年土木学会田中賞（業績部門）受賞。

●著書

『図解入門 土木技術者のための構造力学の基本と仕組み』（秀和システム）
2020年
『図解入門 よくわかる最新都市計画の基本と仕組み』（秀和システム）
2020年
『図解入門 よくわかる最新「橋」の科学と技術』（秀和システム） 2019年
『図説 日本と世界の土木遺産』（秀和システム） 2017年
『図解入門 よくわかる最新土木技術の基本と仕組み』（秀和システム）
2014年
『日本の橋』（ミネルヴァ書房） 2016年
『歴史的土木構造物の保全』（共著、土木学会編、鹿島出版会） 2010年

図解入門 土木技術者のための 建設材料の基本と仕組み

発行日　2021年 8月 6日　　　第1版第1刷

著　者　五十畑　弘

発行者　斉藤　和邦
発行所　株式会社　秀和システム
　　　　〒135-0016
　　　　東京都江東区東陽2-4-2　新宮ビル2F
　　　　Tel 03-6264-3105（販売）Fax 03-6264-3094
印刷所　三松堂印刷株式会社　　　　Printed in Japan

ISBN978-4-7980-6271-6 C3051